汉竹编著 ● 亲亲乐读系列

宝宝辅食与营养餐 1688例

吴光驰 / 主编

汉竹图书微博
http://weibo.com/hanzhutushu

读者热线
400-010-8811

江苏凤凰科学技术出版社 | 凤凰汉竹
全国百佳图书出版单位

7个月宝宝辅食推荐 🥄🍴

第一口菜粥

胡萝卜粥 /52

山药粥 /53

苋菜粥 /53

南瓜粥 /53

蛋黄粥 /54

芹菜粥 /54

8 个月宝宝辅食推荐

鸡肉西红柿汤 /65

土豆胡萝卜肉末羹 /66

第一口肉汤

南瓜牛肉汤 /64

冬瓜蛋黄羹 /66

鱼泥 /68

红枣蛋黄泥 /69

9 个月宝宝辅食推荐

第一口虾

虾泥 /74

鲜虾冬瓜汤 /75

虾皮鸡蛋羹 /75

鸡汤馄饨 /77

鱼泥馄饨 /77

鱼泥羹 /79

10个月宝宝辅食推荐

南瓜软米饭 /85

小白菜玉米粥 /86

第一口米饭

软米饭 /84

香菇大米粥 /86

西红柿鸡蛋面 /91

芒果椰子汁 /91

11 个月宝宝辅食推荐

蒸鱼丸 /98

肉末炒黑木耳 /95

虾仁菜花 /95

土豆饼 /100

鸡蛋胡萝卜饼 /101

排骨汤面 /101

12 个月宝宝辅食推荐

蒸全蛋 /104

鸡蓉豆腐球 /105

鸡肉炒藕丝 /106

肉丁西蓝花 /106

五宝蔬菜 /107

芙蓉丝瓜 /107

迷你小肉饼 /107

虾丸韭菜汤 /108

淡菜瘦肉粥 /109

平菇二米粥 /109

虾仁蛋炒饭 /111

肉松饭 /111

1~2岁宝宝一周菜谱推荐

	早餐
周一	八宝粥 /136 苹果
周二	黑米馒头 /139 南瓜虾皮汤 /134
周三	鸡蛋瘦肉粥 /136 鸡蛋 橙子
周四	玉米糊饼 /140 香甜芝麻羹 /137
周五	蔬菜牛肉粥 /136 芝麻酱花卷 /139
周六	玉米面发糕 /139 菠萝粥 /137
周日	清蒸豆腐羹 /137 红薯蛋挞 /141

中餐	晚餐
绿豆芽烩三丝 /127 煎猪肝丸子 /133	青菜肉末煨面 /141
鲜汤小饺子 /140 炒西蓝花 /132	牛肉土豆饼 /140 冬瓜丸子汤 /135
素炒三鲜 /131 冬瓜肝泥卷 /129	芝麻酱花卷 /139 肉末茄子 /130 双色鱼丸 /127
滑子菇炖肉丸 /128 菠菜炒鸡蛋 /131	鲜汤小饺子 /140
青菜肉末煨面 /141 南瓜虾皮汤 /134 水果沙拉 /129	滑炒鸭丝 /130 炒西蓝花 /132
香菇烧豆腐 /133 木耳炒鸡蛋 /129	牛肉土豆饼 /140 香橙烩蔬菜 /126 紫菜虾皮蛋花汤 /135
虾皮豆腐 /131 海带炖肉 /133 冬瓜丸子汤 /135	青菜肉末煨面 /141 菠萝鸡丁 /128

2~3岁宝宝一周菜谱推荐

	早餐
周一	冰糖紫米粥 /151 海苔饭团 /156 香蕉
周二	鸡汤馄饨 /77
周三	核桃仁稠粥 /151 苹果
周四	海苔饭团 /156 牛奶
周五	牛奶大米粥 /151 鸡蛋
周六	虾仁丸子面 /154 橙子
周日	蛋花豌豆粥 /150 南瓜饼 /156

中餐	晚餐

牛腩面 /155

肉炒茄丝 /144
凉拌胡萝卜丝 /147
萝卜丝虾丸汤 /152

家常炖鳜鱼 /143
肉末四季豆 /142

蛋花豌豆粥 /150
海苔饭团 /156

玉米香菇虾肉饺 /155
蒜薹烧肉 /146

虾仁丸子面 /154
香菇白菜 /145

西红柿烩肉饭 /157
鸭血豆腐汤 /153

豌豆炒虾仁 /148
白芝麻海带结 /147

青柠煎鳕鱼 /149
清炒蚕豆 /148

玉米香菇虾肉饺 /155

香菇疙瘩汤 /153
香酥洋葱圈 /157

清炒空心菜 /146
莲藕炖鸡 /146
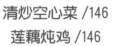

清蒸带鱼 /145
虾仁豆腐 /145

西葫芦饼 /156
萝卜丝虾丸汤 /152

3岁以后宝宝一周菜谱推荐

中餐		晚餐
丝瓜炖豆腐 /167 柠檬排骨汤 /172	米饭	蛋花豌豆粥 /150 空心菜炒肉 /166 松仁玉米 /164
洋葱炒鱿鱼 /169 什锦鸭羹 /173	米饭	虾仁丸子面 /154 胡萝卜炖牛肉 /167 苦瓜涨蛋 /166
虾仁豌豆饭 /176 莲藕薏米排骨汤 /173		菠菜银鱼面 /177 盐水肝尖 /164
鸡油小炒胡萝卜 /168 西芹炒百合 /167	米饭	南瓜饼 /156 板栗烧黄鳝 /168 西红柿菜花 /166
牛肉炒洋葱 /169 炒五彩玉米 /162	米饭	鸡肉茄汁饭 /176 西施豆腐 /163
香菇通心粉 /177 奶酪蛋汤 /172		芦笋烧鸡块 /163 橙汁山药 /165 米饭
红烧狮子头 /169 香椿芽拌豆腐 /165	米饭	五彩肉蔬饭 /176 鲈鱼炖豆腐 /165

目录
contents

PART 2

1岁以后：
妈妈是宝宝的私人营养师

PART3

吃对饭，为宝宝的健康加分

第一章
每个妈妈都用得上的调养菜单 /184

第二章
让宝宝不吃药不打针的食疗方 /208

PART 1

O~1 岁：
从喝奶到爱上吃饭

第一章
辅食添加要点一次说全

🐻 添加辅食，不等于告别母乳或配方奶

宝宝4~6个月时，母乳和配方奶已不能满足他的生长需要，只有及时添加辅食，才能满足宝宝生长发育所需的全部营养。但是，添加辅食不等于告别母乳或配方奶。世界卫生组织提倡，母乳喂养最好坚持到2岁，甚至更长时间。

如果妈妈给宝宝添加辅食后，就把母乳断掉，这等于直接把"辅食"转"正餐"，宝宝的肠胃此时发育还不够完全，很难完全消化吸收这些辅食的营养成分，甚至可能导致少食、腹泻的发生，时间长了会导致营养不良。

🐻 何时添加辅食，取决于宝宝发出的信号

辅食添加的信号：随着宝宝慢慢长大，爸爸妈妈会惊喜地发现：大人吃饭时，宝宝会专注地盯着看，口水直流，还直咂嘴，偶尔还会伸手去抓大人送往嘴里的菜；陪宝宝玩的时候，宝宝会时不时把玩具放到嘴巴里，口水把玩具弄得湿湿的。宝宝的这些"小信号"都在告诉爸爸妈妈：我想吃辅食！

合理的添加时机：世界卫生组织的最新婴儿喂养报告提倡：前6个月纯母乳喂养，6个月以后在母乳喂养的基础上添加辅食。一般来说，纯母乳喂养的宝宝，如果体重增加理想，可以到6个月时添加；人工喂养及混合喂养的宝宝，在宝宝满4个月以后，身体健康的情况下，可以逐渐开始添加辅食。但具体何时添加辅食，应根据宝宝的实际发育状况再做决定。

🐻 辅食添加的顺序和原则

辅食添加的顺序：首先添加谷类食物（如婴儿营养米粉），其次添加蔬菜汁（蔬菜泥）和水果汁（水果泥），动物性食物（如蛋羹、鱼泥、肉泥、肉松等）。在《中国居民膳食指南》中，动物性食物添加顺序的建议是：蛋黄泥、鱼泥（剔净骨和刺）、全蛋（如蒸蛋羹）、肉末。

辅食添加的原则：循序渐进。每次添加一种新食物，由少到多，由稀到稠；逐渐增加辅食种类，由泥糊状食物逐渐过渡到固体食物。建议从6月龄开始添加泥糊状食物（如米糊、菜泥、果泥、蛋黄泥、鱼泥等），7~9月龄时可从泥糊状食物逐渐过渡到可咀嚼的软固体食物（如烂面条、碎菜、全蛋、肉末等），10~12月龄时，大多数宝宝可逐渐转为以进食固体食物为主的膳食。

添加辅食，妈妈不可不知的二三事

明确添加目的：添加辅食，是帮助宝宝进行食物品种转移的过程，以乳类为主食逐渐过渡到以谷类为主食。

尊重宝宝口味：要从宝宝易吸收、接受的辅食开始添加，逐渐适应，培养宝宝对新鲜食物的兴趣。宝宝有权利选择食品口味，宝宝不吃某种食物，不必强求。

避免从夏季开始：夏季大多数宝宝的食量会有所减少，如果宝宝抗拒辅食，可等到天气凉爽些再说，妈妈要学会权衡。

宝宝生病时别添加：添加辅食要在宝宝身体健康、心情愉悦时进行，宝宝患病时，不要尝试添加辅食。

有不良反应时暂停：如宝宝出现了腹泻、呕吐、便秘、厌食等情况，应暂停辅食添加，待宝宝消化功能恢复后再继续。

灵活调整数量和品种：辅食添加要根据宝宝的具体情况，灵活掌握，及时调整辅食的数量和品种。

第一口辅食的标准：强化铁且不过敏

首次给宝宝添加辅食，很多妈妈都不知道应该选择什么作为宝宝的"第一口"。其实，选择标准很简单：强化铁且不过敏。

宝宝在6个月以前不易贫血，这是因为在出生前妈妈已给宝宝储备了前3~4个月生长所需的铁。而4~6个月后宝宝要从食物中摄入铁，如果食物中含铁量不足，就会发生贫血。

所以，4~6个月以后的宝宝，必须有规律地添加辅食来补铁，其中，强化铁的婴儿米粉是一个很好的选择。除了富含铁元素、营养全面之外，米粉引发过敏的概率也很低，特别适合作为宝宝的第一口辅食。

果水怎么喝更健康？

宝宝6个月，可以开始添加果水。最初添加的时候，最好在中午吃奶后1小时进行，这时候宝宝较容易接受。纯果汁中加2倍分量的温开水，用小汤勺或专用的奶瓶喂给宝宝，每天喂1次，每次5~10毫升。随着宝宝不断长大，喂食果水的频率和量都可以相应增加。

果水最好自制，可以保证果水的新鲜度。所选的水果应该是应季的，只要新鲜就行，不必去买进口水果或反季节水果。制作过程务必讲究卫生，每次制作要适量，剩下的果水不能留下再次喂给宝宝。

即便是每天加果水，也应该注意给宝宝喂几次水，量不一定多，但要让宝宝习惯水的味道，否则宝宝喝了果水后就不爱喝水了。

🐻 给宝宝添加蛋黄有讲究

鸡蛋，特别是蛋黄，含有丰富的营养成分，非常适合宝宝食用。1岁以内宝宝吃鸡蛋时可能会对蛋白过敏，因此应避免食用蛋白。

科学的添加鸡蛋方法：6个月左右的宝宝，从开始每天吃1/8个蛋黄，逐渐增加到每天吃1个蛋黄。宝宝接近1岁时再开始吃全蛋。

值得注意的是，虽然鸡蛋的营养价值高，但宝宝也不是吃得越多越好。肾功能不全的宝宝不宜多吃鸡蛋，否则尿素氮积聚，会加重病情。皮肤生疮化脓及对鸡蛋过敏的宝宝，也不宜吃鸡蛋。

🐻 如何判断宝宝是否适应辅食

给宝宝添加辅食之后，妈妈要密切观察宝宝，判断宝宝是否适应辅食。可以看看宝宝大便的情况：如果便次和性状都没有特殊的变化，就是适应的。还可以观察宝宝的精神状况：有没有呕吐以及对食物是否依然有兴趣。如果这些情况都是好的，说明宝宝对辅食是适应的。

如果宝宝的大便出现了如下变化，妈妈就需要根据具体情况调整一下辅食添加进度和内容了。

大便臭味很重：说明宝宝对蛋白质的消化不好，应暂时减少辅食中蛋白质的摄入。

大便发散、不成形：要考虑是否辅食量多了或辅食不够软烂，影响了消化吸收。

粪便呈深绿色黏液状：多发生在人工喂养的宝宝身上，表示供奶不足，宝宝处于半饥饿状态，需加喂米汤、米糊、米粥等。

大便中出现黏液、脓血，大便的次数增多，大便稀薄如水：说明宝宝可能吃了不卫生或变质的食物，因而有可能患了肠炎、痢疾等肠道疾病，需就医。

🐻 先喂辅食后喂奶，让宝宝一次吃饱

有的妈妈喜欢在两顿奶之间给宝宝添加辅食，这种做法其实并不科学。两顿奶之间，宝宝并不饥饿，所以对辅食的兴趣不大，吃也吃不多。而且，由于辅食与下顿奶之间间隔的时间不长，也会影响宝宝喝奶的胃口。

所以，最好的添加辅食时机是在每顿奶之前，先喂辅食，紧接着喂奶，让宝宝一次吃饱。这样还能够避免少量多餐影响宝宝对"饱"和"饥"的概念，防止降低宝宝的进食兴趣。

另外，需要注意的是，添加辅食后，宝宝的进食时间和次数都不应该有明显改变，每次喂奶量也不能因为辅食而减少。

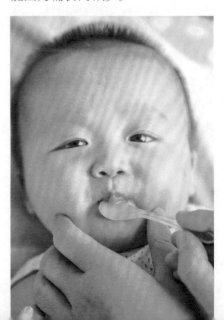

辅食吃得越多，宝宝长得越壮吗？

有的宝宝胃口特别好，对送到嘴边的辅食从来不知道拒绝，妈妈一直喂，宝宝就一直吃。对于这样的宝宝，妈妈千万不要因为担心宝宝没吃饱而无节制地喂食。辅食吃得越多，宝宝就越健壮的想法是不科学的。

6个月后，宝宝虽然能够添加辅食，但消化系统还很娇嫩，如果辅食吃得过多，宝宝不仅吸收不了那么多的营养，还很容易引起消化不良，损伤肠胃功能。除此之外，添加辅食的量过多也可能导致宝宝肥胖，长期来看对宝宝的健康是有害无益的。

所以，对于吃得不停口的宝宝，妈妈要根据宝宝的体格发育情况来调整辅食量。只有心中有数，控制好辅食量，才能养出健康、健壮的宝宝。

宝宝辅食能不能加调味品？

宝宝辅食中不能加盐、味精等调味品。

1岁以内的宝宝从母乳和配方奶中摄取的钠盐已经能满足身体的需要，所以不用再在辅食中加盐。宝宝的肾脏发育不成熟，尤其是排泄钠盐的功能不足，吃了加盐的辅食以后，钠盐滞留在组织之内，会导致局部水肿。而且，吃得过咸会直接影响宝宝对锌和钙的吸收，影响生长发育。

味精对宝宝发育也有不良影响。味精的主要成分是谷氨酸钠，易与锌结合成不易溶解的谷氨酸钠锌，使机体无法吸收锌，从而造成宝宝缺锌，进而影响大脑发育。同时，摄入过量味精还可能影响宝宝的味觉发育。

1岁以内宝宝食谱黑名单

鲜牛奶：宝宝的胃肠道、肾脏等系统发育尚不成熟，鲜牛奶中高含量的酪蛋白、脂肪很难被消化吸收，其中的矿物质则会增加宝宝肾脏的负担。另外，鲜牛奶中的 α 型乳糖还容易诱发胃肠道疾病。

蜂蜜：是一种天然且无法消毒的食物，因含有梭状肉毒杆菌芽孢，当受肉毒杆菌污染时，会在肠道内繁殖并释放出肉毒杆菌毒素，再加上胃肠不易吸收，所以应让宝宝1岁过后再食用。

鸡蛋清：小于8个月的宝宝不能分解鸡蛋蛋白质，因此容易产生过敏反应。最好接近1岁时再吃整蛋。

坚果：坚果虽然营养丰富，但宝宝进食这种小块硬物特别容易呛入气管，引发危险。所以，1岁以内的宝宝严禁进食坚果，即使1岁之后进食都必须碾成碎末食用。

果冻：大部分果冻是用人工添加剂配制而成，不但不像新鲜水果那样有营养，而且对胃肠和内分泌系统还有不良影响。另外，因吸食果冻阻塞气管造成婴幼儿窒息的事故也时有发生，因此不要让宝宝吃果冻。

第二章
辅食添加很可能遇到的问题

🐻 添加辅食时，宝宝不配合怎么办？

有的宝宝一开始接触辅食，会出于自我保护的本能拒绝进食，例如看到勺子就躲、将嘴巴抿紧或用舌头将吃到嘴里的食物抵出来。这是因为宝宝没有尝过这些食物，不习惯这些食物的味道，所以就会非常警惕，这并不表示宝宝不接受这些食物。

对于这种情况，妈妈不要强迫宝宝进食，否则会引起宝宝的反感，不妨过一两天再尝试。有的宝宝经过多次甚至十几次的尝试，才能逐渐接受新的食物、新的味道，所以妈妈一定要有充分的心理准备和足够的耐心。另外，妈妈也可以尝试取少许宝宝熟悉的食物加在新添的辅食中。

宜选用勺头圆钝、光滑的软头勺子给宝宝喂食，不宜用金属勺子。

🐻 怎么让宝宝习惯吃勺子里的食物？

很多妈妈在添加辅食时会遇到这样的问题：宝宝不喜欢吃勺子里的食物。这是由于宝宝已经习惯了从乳头或者奶嘴中吸吮奶汁，对硬邦邦的勺子感到别扭，也不习惯用舌头接住食物往喉咙里咽。

解决这个问题的办法很简单，首先要准备一把更适合宝宝的勺子，例如宝宝专用的硅胶软头勺，这种小勺跟奶嘴的质地相似，更容易被宝宝接受。其次，就是通过多次反复，让宝宝对勺子逐渐熟悉起来。

如果宝宝不愿意接受勺子中的辅食，爸爸妈妈可以用小勺子盛上一些乳汁喂给宝宝，让宝宝慢慢习惯用勺子喝奶、喝水。这时候爸爸妈妈再用勺子给宝宝喂辅食，就比较容易了。

🐻 添加辅食后宝宝拒绝喝奶怎么办？

有的宝宝在添加辅食后不吃奶，出现这种情况大概有以下几个方面的原因：

一是添加辅食的时间不是很恰当，可能过早或过晚。二是添加的辅食不合理。辅食口味调得比奶鲜浓，使宝宝味觉发生了改变，不再对淡而无味的奶感兴趣了。三是添加辅食的量太大。辅食与奶的搭配不当，宝宝想吃多少就加多少，没有饥饿感，影响了宝宝对吃奶的食欲。四是宝宝自身的原因。比如转奶后的宝宝，添加辅食后，乳糖酶逐渐减少，再给奶类，会造成腹胀、腹泻，而拒吃奶。

针对这些情况，妈妈可以在宝宝饥饿时先喂奶再喂辅食，也可以在宝宝睡前或刚醒迷迷糊糊时喂奶。如果担心宝宝蛋白质摄入不足，可以适当增加鱼、肉、蛋的摄入量。妈妈还可以适当减少辅食的量，让宝宝能很好地吃奶。

添加辅食后宝宝老便秘怎么办?

有些宝宝添加辅食后会便秘,这常常与饮食结构不合理有关。从辅食添加之初,妈妈就应注意膳食的合理搭配,经常给宝宝添加一些果水、菜水,或在米粉、汤粥中加入适量蔬菜或粗粮,以增加肠道内的膳食纤维,促进胃肠蠕动,排便通畅。

如果宝宝发生了便秘,需要保证宝宝每日有一定的活动量。对于还不能独立行走、爬行的宝宝,如果便秘了,爸爸妈妈要多抱抱宝宝,或适当揉揉宝宝的小肚子。妈妈可以做红薯泥给宝宝吃,红薯中含的膳食纤维较多,可以软化粪便,对排便有好处。此外,香蕉也有通便的作用,可以适当给宝宝进食。

宝宝吃辅食后腹泻怎么办?

宝宝出现腹泻时,应及时到医院进行诊治,排除受细菌感染的可能,因为宝宝腹泻大多数都是喂养不当引起的。

母乳喂养的宝宝,不必停止喂母乳,但需适当减少喂奶量,延长两次喂奶的间隔时间,使宝宝胃肠得到休息。

人工喂养或混合喂养的宝宝,如果每日腹泻次数较多,注意一定要给宝宝及时补充水分,同时可减少或暂停喂辅食。待腹泻稍微好转,可喝米汤、无乳糖配方奶粉,至完全好转再恢复原来的饮食。切记无论病情轻重,一律停止添加辅食,至痊愈后再逐一恢复。苹果泥、胡萝卜汤等虽然可以帮助治疗腹泻,但不宜长期食用。

为什么有些宝宝添加辅食后会皮肤发黄?

宝宝8~9个月的时候,有些妈妈会突然发现宝宝的手掌、脚掌和面部皮肤发黄,于是担心宝宝得了"黄疸",急忙求助于医生。其实,如果宝宝的巩膜(白眼球)没有发黄,饮食、睡眠、大小便都正常,肝功能检查也正常,就可以回忆一下宝宝近期是否吃了太多胡萝卜、南瓜等含有类胡萝卜素的辅食。

胡萝卜、南瓜、柑橘等都是非常营养的食物,但是也不能长期大量食用。这类食物中含有丰富的类胡萝卜素,而类胡萝卜素在体内的代谢速率较低,因此容易造成皮肤发黄,医学上称之为"高胡萝卜素血症"。如果宝宝出现了这种症状,妈妈无需惊慌,这种情况不会对宝宝的健康有所伤害,只要让宝宝暂时停止食用这类食物,肤色很快就能恢复。

哪些症状提示宝宝可能对食物过敏？

有些宝宝自从添加辅食后就开始闹毛病，这时妈妈就要留意了。宝宝可能不是生病，而是对辅食过敏，很多过敏症状常会被误解为感冒和消化不良。

除了大家熟知的一些明显过敏症状，例如腹泻、呕吐、出皮疹等，流鼻涕、咳嗽都可能是过敏的症状。所以，家长如果观察到以下情况，一定要留心是否是过敏引起的。

呼吸道症状： 流鼻涕、打喷嚏、持续咳嗽、气喘、鼻塞、流泪、结膜充血等。

皮肤症状： 荨麻疹、皮肤干痒、眼皮肿、嘴唇肿、手脚肿等。

消化道症状： 腹泻、便秘、胀气、呕吐、腹痛、肛周皮疹等。

如果宝宝出现了以上症状，先检查一下宝宝吃的东西和妈妈吃的东西中是否有容易引起过敏的成分，比如奶制品、蛋类、海鲜、柑橘类水果、小麦、花生等等。对于这类食物，应立刻停止添加。间隔几天后再次尝试，如果仍出现类似的情况，就要到医院进行过敏检测，了解宝宝对该食物过敏的程度。

过敏宝宝添加辅食需要注意些什么？

如果宝宝对某类食物有轻度过敏，妈妈可以尝试从最小剂量开始慢慢添加，让宝宝慢慢适应；如果宝宝是中度以上过敏，日后应避免添加引起过敏的食物，同时用营养素相同的食物替代，比如海鱼不能吃，可用肝类食物替代。

食物过敏的宝宝随着年龄的增长，胃肠道功能会逐渐增强，产生免疫耐受性，过敏的食物会逐渐减少，极少数不能改善的可到医院治疗。

逐渐培养宝宝独立进食的行为

耐心给宝宝喂食： 在喂养宝宝的过程中，爸爸妈妈应给予鼓励和帮助，缓慢和耐心地给宝宝喂食，时间不超过 30 分钟为宜，鼓励宝宝，让宝宝渐进地学习进食。

鼓励宝宝用勺进食： 要为宝宝创造良好的进餐环境，对于 7~8 月龄的宝宝，可以自己用手握或抓食物吃；到 10~12 月龄时鼓励宝宝自己用勺进食，这样可以锻炼宝宝手眼协调能力，促进其精细动作的发育。

辅食多花样，提高宝宝进食兴趣： 避免宝宝分心，要多与宝宝进行眼神、语言交流，帮其养成专心进食的好习惯。当宝宝出现拒食时，应耐心地鼓励，不要强迫，尝试调整食物种类、搭配、性状、花色、口味，以提高宝宝进食兴趣。

刚自己动手吃饭的宝宝，比起"吃"，他可能更像是在"玩"，妈妈要有耐心。

自制辅食和市售辅食究竟哪种好？

市售辅食最大的优点就是方便，无需费时制作，而且花样繁多，有多种口味。市售辅食营养全面且易于吸收，能充分满足宝宝的营养需求。但是，市售辅食在新鲜度上总不及自制辅食，而且它毕竟只是一种过渡食品，只能满足宝宝一段时间内的营养需要。

自制辅食的最大优点是新鲜，而且爸爸妈妈在制作辅食的过程中，能够更深刻地体会为人父母的那份幸福，也加深了亲子之间的感情。但是，自制辅食如果不注意科学搭配和合理烹调，容易出现营养素流失过多、营养搭配不合理的情况，这对宝宝的健康成长同样不利。

总之，无论是市售辅食还是自制辅食，只有营养丰富、吸收良好的新鲜辅食，才能更好地促进宝宝健康成长。

市售辅食那么多，怎么挑选？

首选天然成分的食品：制作的材料取自于新鲜蔬菜、水果及肉蛋类，不加人工色素、防腐剂、乳化剂、调味剂及香味素，即使有甜味也是天然的。

适龄适性：宝宝的消化功能是在出生后才逐渐发育完善的，即在不同的阶段胃肠只能适应不同的食物，所以选购时，一定要考虑宝宝的月龄和消化情况。

选好品牌：尽量选择规模较大、产品质量和服务质量较好的品牌企业的产品。

仔细看外包装：看包装上的标志是否齐全。按国家标准规定，在外包装上必须标明厂名、厂址、生产日期、保质期、执行标准、商标、净含量、配料表、营养成分表及食用方法等项目，若缺少上述任何一项都不规范。

注意营养元素的全面性：要看营养成分表中标明的营养成分是否齐全，含量是否合理，有无对宝宝健康不利的成分。例如好的营养米粉营养含量全面，含有多种氨基酸，并有许多人体必需的特殊营养物质，如碘元素、优质蛋白质等，能完全满足宝宝正常生长发育的需要。

人工营养素，补还是不补？

很多妈妈都纠结于是否要给宝宝补充人工营养素，事实上，适当补充一些人工营养素，是对宝宝的成长有益的，有时甚至是必需的。在补充过程中，除了需要遵医嘱之外，以下两个原则，也是妈妈们一定要坚持的。

缺什么补什么：只有宝宝缺乏某种营养素时，才有必要用人工营养素进行合理补充。例如，在宝宝3~4个月的时候，宝宝生长发育最为迅速，而此时母乳中所含的维生素D极少，所以几乎所有宝宝满2周后需要开始补充维生素D和钙剂，保证骨骼健康成长。这种情况下的补充营养素是必要的，也是合理的。但是，如果只是盲目跟风给宝宝补充某种营养素，则很容易使营养素之间的配比失衡，对宝宝健康有弊无利。

不能持续而长期补充：无论是成人还是宝宝，长期补充人工合成的营养素比较容易产生依赖性，也会降低身体吸收天然食物中营养素的能力。所以，可以隔一天吃一次，或者吃一个月后停吃一段时间再接着补充。一旦宝宝体内营养素均衡后，就可以停止补充。

新手妈妈轻松做辅食

专用的研磨器，让泥状
辅食的制作更方便。

🐾 小工具让辅食制作变简单

小汤锅： 烫熟食物或煮汤用，也可用普通汤锅，但小汤锅省时省能，是妈妈的好帮手。

电饭锅： 蒸熟或蒸软食物用，例如土豆。

菜刀、砧板： 切断、剁碎食物用。为了避免感染，需要为宝宝准备专用的菜刀、砧板，而且生食、熟食要各一套。

不锈钢汤匙： 将质地较软的水果，如香蕉、木瓜等刮成泥，制作肝泥时也可使用。

研磨器： 将食物磨成泥，是辅食添加前期的必备工具。使用前需将研磨器用开水浸泡一下消毒。

榨汁机： 最好选购有特细过滤网、可分离部件清洗的榨汁机。

削皮器： 居家必备的小巧工具，便宜又好用。给宝宝专门准备一个，与平时家用的区分开，以保证卫生。

挤橙器： 适合自制鲜榨橙汁，使用方便，容易清洗。

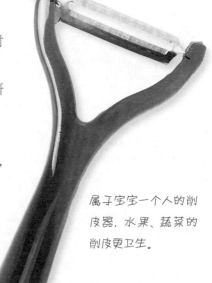

属于宝宝一个人的削
皮器，水果、蔬菜的
削皮更卫生。

不锈钢汤匙不仅可以挖去果核，还能将果肉刮成泥状，注意勺头不要太锋利。

新手妈妈必学的制作手法

挤压：蔬菜汁、水果汁可以用果汁挤压器进行挤汁，也可用清洁纱布挤汁，或放在小碗里用小勺压出汁。

捣碎：青菜叶和水果煮后，都要先捣碎，再放入过滤网中进行过滤，制作成青菜汁或者是水果汁。

研磨：将煮熟的豆类、南瓜、薯类及无刺的鱼肉等放在研磨器中研磨。

擦碎：擦菜板可以很好地把食物原料处理碎，像胡萝卜、土豆、苹果等，就可以直接用擦菜板擦成细丝，再做成糊状的食物。

切断：不同时期及不同材料切碎的方法不尽相同，由碎末、薄片到小丁，都是根据宝宝实际发育情况来处理。

❤ 辅食制作的注意事项

要单独制作：宝宝的辅食特别讲究卫生，要单独制作，餐具和食物要和家人的分开存放和使用。

辅食要现做：幼儿胃肠道抵抗感染的能力极为薄弱，需要格外强调幼儿膳食的饮食卫生，喂给宝宝的食物最好现做，不要喂剩存的食物，以减少幼儿肠道细菌和病毒感染以及寄生虫感染的机会。

不能放盐：我国成人高血压的高发与食盐的高摄入量有关，要控制和降低成人的盐摄入量，必须从儿童时期开始，而且控制越早收到的效果会越好。

少放糖：少放糖的目的是为了预防龋齿。婴儿的味觉正处于发育过程中，对外来调味品的刺激比较敏感，加调味品容易造成婴儿挑食或厌食。

花样做辅食：如果宝宝偏食挑食，可以把不同的食物混合在一起，调节口味，改进烹饪方式，鼓励宝宝进食。

多准备一些色彩丰富的小碗和勺子，让宝宝吃饭更有兴趣。

第三章

6个月，喝米汤、吃糊糊

婴儿米粉

用料：
强化铁的婴儿米粉 1~2 勺

做法：
用约 70℃ 的温开水倒入米粉中，边倒边用汤匙搅拌，让米粉与水充分混合。

 对宝宝的好处：
促进生长发育，防止缺铁性贫血。

宝宝第一次吃辅食，可能会出于本能用舌头把米粉顶出来，妈妈可以过一两天再试试。

宝宝的第一口辅食

大米汤

用料：
大米 50 克

做法：
①将大米洗净，用水浸泡 1 小时，放入锅中加入适量水，小火煮至水减半时关火。②用汤勺舀取上层的米汤，晾至微温即可。

 对宝宝的好处：
宝宝腹泻时，喝点大米汤能起到很好的止泻效果。

慢火熬煮后，米油溢出，宝贝吃得更香甜。

黑米汤

用料：
黑米 30 克

做法：
①黑米淘洗干净（不要用力搓），用水浸泡 1 小时，不换水，直接放火上熬煮成粥。②待粥温热不烫后取上层的米汤，喂宝宝即可。

 对宝宝的好处：
促进宝宝生长发育，增强免疫力。

将黑米浸泡一夜后，煮粥时易烂，且口感更佳。

十倍粥

用料：
大米 30 克

做法：
① 取 30 克大米淘洗干净。② 汤锅倒入淘洗好的大米和 300 毫升水，大火煮开后转小火煮 20 分钟。③熄火后盖着锅盖焖 10 分钟，将煮好的粥放进搅拌机中把米粒打碎即可。

 对宝宝的好处：
滋养、调理宝宝的肠胃，保障肠胃健康。

打碎米粒的十倍粥，看上去很像米糊。

胡萝卜素充分溶于米汤中，有益宝宝的视力。

胡萝卜米汤

用料：
大米 30 克
胡萝卜半根

做法：
①将胡萝卜洗净去皮，切成小丁；大米洗净。②将胡萝卜丁和大米一同放入锅内，加适量水煮成粥，胡萝卜要煮到绵软。③待粥晾温后取上层的汤即可。

 对宝宝的好处：
保护视力，促进生长发育，增强宝宝的抵抗力。

苹果所含的维生素C可以滋养宝宝的皮肤。

苹果米汤

用料：
大米 30 克
苹果半个

做法：
①将大米淘洗干净；苹果洗净，削皮，去核，切成小块。②将大米和苹果块一同放入锅中，加适量水煮成粥。③待粥晾温后取上层的汤即可。

 对宝宝的好处：
苹果富含锌元素，可以增强宝宝的免疫力，促进智力发育。

西红柿性微寒，宝宝腹泻时不能吃。

西红柿米汤

用料：
西红柿 1 个
大米 30 克

做法：
①大米淘洗干净，浸泡半小时。西红柿洗净，用热水烫一下，去皮，切成小块，用榨汁机打成泥。②大米加水，煮成粥，快熟时加入西红柿泥，熬煮片刻停火。③待粥温后取米粥上的汤即可。

 对宝宝的好处：
帮助宝宝消化，防止便秘。

橙汁 维生素C 膳食纤维

用料:
橙子半个

做法:
①将橙子洗净,横向一切为二。②将剖面覆盖在挤橙器上旋转,使橙汁流出。③喂食时加适量温开水兑匀。

对宝宝的好处:
增强宝宝抵抗力,促进肠道蠕动。

橙汁与温开水的比例可以逐渐从1:2过渡到1:1。

西蓝花汁 钙 蛋白质 维生素

用料:
西蓝花100克

做法:
①将西蓝花洗净,掰成小朵。②锅中加适量水,煮沸,放西蓝花煮熟。③将熟西蓝花放入榨汁机中,加半杯温开水榨汁,过滤出汁液即可。

对宝宝的好处:
促进生长,维持牙齿及骨骼正常发育,增强免疫力。

花球过硬的西蓝花比较老,不适合榨汁。

苹果羹 钾 有机酸

用料:
苹果1个
米粉30克

做法:
①苹果洗净,去掉皮、核,放入榨汁机中榨汁。②取苹果汁入锅煮沸,调入米粉,搅匀成羹即可。

对宝宝的好处:
清肺润肺,帮助肠胃消化。

苹果汁调的米粉,口感清香,宝宝更喜欢。

蛋黄泥 铁 卵磷脂 钙

用料：
熟鸡蛋黄 1/4 个

做法：
熟鸡蛋黄用勺子碾碎，加适量温开水拌匀即可。

对宝宝的好处：
蛋黄含有丰富的卵磷脂，提高宝宝记忆与智力水平。

从 1/4 个蛋黄的量逐渐增加，对蛋黄过敏的宝宝则推迟添加。

青菜米糊  膳食纤维 蛋白质 维生素C 钙

用料：
米粉 20 克
青菜叶 3 片

做法：
①米粉用温开水调好。②将青菜叶洗净，放入沸水锅内煮软，捞出沥干，切碎后加入调好的米粉中，拌匀即可。

对宝宝的好处：
青菜中的钙、磷能促进宝宝骨骼发育，增强机体造血功能。

青菜能促进肠道蠕动，尤其适合用配方奶喂养的宝宝。

西蓝花米糊

用料:
西蓝花 50 克
米粉 20 克

做法:
①将西蓝花洗净,掰成小朵。②锅中加适量水,煮沸,放西蓝花煮熟。③将煮过的西蓝花用搅拌机粉碎,加入稀释好的米粉中即可。

 对宝宝的好处:
促进生长,维持牙齿及骨骼正常发育,提高记忆力。

西蓝花煮熟透后才能打得更细碎。

苹果米糊

用料:
苹果 1/4 个
米粥 1 小碗

做法:
①苹果洗净,去皮、核,切小块,和米粥一起放入锅中。②煮开后关火晾至温热的状态,将煮好的苹果和粥一起放入料理机里。③启动料理机,搅打成米糊状即可。

  对宝宝的好处:
促进大脑发育,防止缺铁性贫血。

刚开始做米糊可以稀一些,等宝宝接受后慢慢做得浓稠。

南瓜羹

用料:
南瓜 50 克

做法:
①南瓜去皮,洗净,切成小块。②将南瓜放入锅中,倒入水,边煮边将南瓜捣碎,煮至稀软即可。

 对宝宝的好处:
润肠通便,保护视力。

外皮橙红、粗糙一点的南瓜会更甜。

加适量温开水后更软润。

宝宝的第一口菜泥

胡萝卜泥 胡萝卜素 | 维生素A | 铁

用料：
胡萝卜半根

做法：
①胡萝卜洗净去皮，加水煮熟。②用勺子将胡萝卜压成泥，加适量温开水拌匀。

对宝宝的好处：
助消化，增强宝宝免疫功能。

不同品种的青菜替换着用，让宝宝体验不同的味道。

青菜泥 B族维生素 | 维生素C | 钾 | 磷

用料：
青菜50克

做法：
①将青菜择洗干净，沥水，切碎。②锅内加入适量水，待水沸后放入青菜碎末，煮熟后捞出放碗里。③用汤勺将青菜碎末捣成菜泥即可。

对宝宝的好处：
青菜中的B族维生素有助于保护宝宝的皮肤黏膜。

土豆不容易引起过敏，妈妈更放心。

土豆泥 黏蛋白 | 氨基酸

用料：
土豆半个
米汤

做法：
①土豆洗净去皮，切成小块，上锅蒸熟，压成泥。②加入米汤拌匀，再上锅蒸10分钟即可。

对宝宝的好处：
土豆含有特殊的黏蛋白，有润肠作用，特别适合配方奶喂养的宝宝。

苹果泥

用料：
苹果半个

做法：
①将苹果洗净，去皮；勺子洗净。②用勺子把苹果慢慢刮成泥状即可。

 对宝宝的好处：
提高身体免疫力，促进宝宝大脑发育。

苹果泥很容易氧化变色，不宜久放。

香蕉泥 钾 镁

用料：
香蕉1根

做法：
香蕉用勺子碾碎，加适量温开水拌匀即可。

 对宝宝的好处：
香蕉富含膳食纤维，可刺激肠胃蠕动，帮助排便。

香蕉偏凉，第一次给宝宝吃应先少量尝试。

木瓜泥

用料：
木瓜50克

做法：
①将木瓜洗净，去皮去子，切丁，放入碗内，上锅隔水蒸10分钟至熟。②将木瓜肉丁取出，待晾温后用小勺搅成泥状。

 对宝宝的好处：
调理肠胃，促进消化，滋养宝宝皮肤。

也可以将木瓜肉丁加少量水用搅拌机打成泥。

抚触操，妈妈给宝宝的第一份爱

妈妈的手温柔地落在宝宝柔软温热的小身体上，抚摸着宝宝的每一寸肌肤，看着宝宝满足舒服的样子，无限的爱意在妈妈和宝宝之间传递。

爱的抚触，好处多多

抚触操是通过对宝宝的皮肤和身体各个部位进行有次序、有技巧的抚摩，让大量温和的良好刺激通过皮肤的感受传导至中枢神经系统，产生生理效应。抚触的好处有很多：促进母子之间的感情交流，促进乳汁分泌；刺激宝宝的淋巴系统，增强抵抗力；改善呼吸、循环功能，缓解肠胀气和便秘；增加宝宝睡眠时间，并改善睡眠质量；有利于宝宝生长发育，促进行为发育和协调能力等等。

妈妈是最理想的抚触者

从宝宝出生的第2天起，就可以给宝宝做抚触，妈妈是最理想的抚触者。现在好多宝宝都在专业的婴儿抚触中心由陌生人进行抚触，这可能会增加宝宝的不安全感。由妈妈进行抚触，会有更多爱和眼神的交流，这是陌生人抚触无法达到的。

按照宝宝年龄需要进行抚触

宝宝长牙的时候，可以让他仰面躺下，多帮他按摩小脸；到了要爬的时候，可以让他适当多趴下，帮他练习爬行；学习走路的时候，除了多给宝宝做些腿部的抚触外，小脚丫也是很重要的抚触部位。

当然，不管是哪个年龄段的宝宝，抚触时都想听到妈妈温柔的呼唤，看到妈妈甜美的微笑，这才是抚触的最终目的——让宝宝感受到爱和关怀。

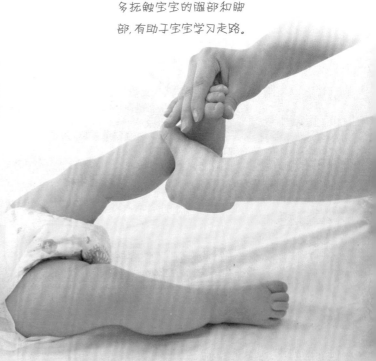

多抚触宝宝的腿部和脚部，有助于宝宝学习走路。

抚触前的准备

环境要求：调节室温至 25℃ ~28℃，环境安静、清洁，可播放轻柔的音乐。

物品准备：小毛毯、小毛巾、大毛巾、婴儿润肤露、消毒棉签。

妈妈准备：取下所有首饰、手表，修剪指甲、洗手，用婴儿润肤露滋润双手。

宝宝准备：脱下所有的衣服（最好沐浴后），舒适地仰躺在床上。

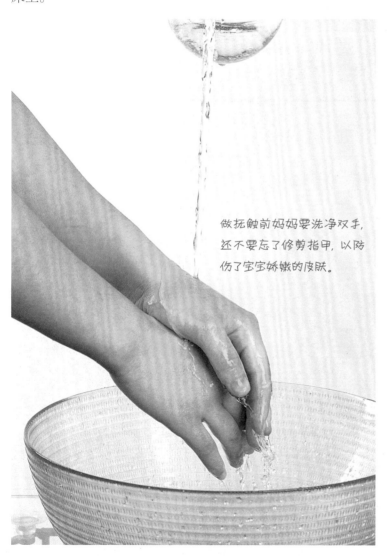

做抚触前妈妈要洗净双手，还不要忘了修剪指甲，以防伤了宝宝娇嫩的皮肤。

抚触时的注意事项

选好最佳时机：最佳按摩时间为喂奶 2 小时后，否则宝宝会吐奶。另外，还要在宝宝情绪稳定，没有哭闹和身体不适的时候进行，否则会引起宝宝反感。

注意力度：刚开始按摩，不能用力过重，需轻轻地抚摸。较小的部位用指尖，大点的部位用手指或掌心。做完之后如果发现宝宝的皮肤微微发红，则表示力度正好。另外随着宝宝年龄的增大，力度也应有一定的增加。

不必循规蹈矩：妈妈在给宝宝做抚触时，不一定非要按照从头到脚、从左到右的顺序，每个动作都做到。根据宝宝的个体差异，有的宝宝喜欢妈妈抚摸他的小肚子，有的宝宝喜欢动动小手，动动小脚。所以抚触都该按照宝宝的喜好来安排。

牢记各部位抚触安全要点：

头部：双手捧起宝宝头部时，要注意他的脊柱和颈部的安全。千万不要把润肤油滴到宝宝眼睛里。

腹部：抚触的时候要按照顺时针的方向，有利于宝宝胃肠消化。有些小宝宝的脐带还未完全脱落，抚触一定要小心，不要碰到它。

关节：关节处是宝宝最容易感到疼的地方，所以要自如地转动宝宝的手腕、肘部和肩部等部位的关节，不要施加压力。

🐻 亲子抚触操方法

头部

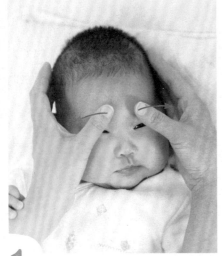

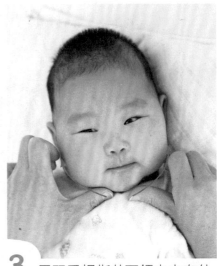

1. 用双手拇指从前额中央向两侧移动（沿眉骨）。

2. 双手掌面从前额发际向上、向后滑动，至后下发际，并停止于两耳乳突（耳垂后）处，轻轻按压。

3. 用双手拇指从下颌中央向外、向上移动（似微笑状）。

腹部

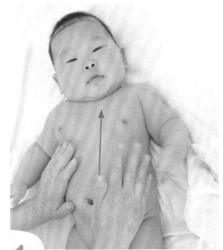

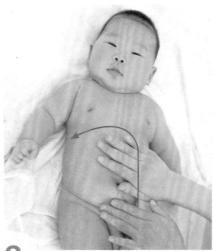

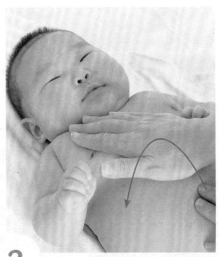

1. 右手从宝宝腹部的左下侧滑向左上腹（似 I 形）。

2. 右手从宝宝腹部的右下侧滑向右上腹，再滑向左上腹（似 L 形）。

3. 右手从宝宝腹部右下侧滑向右上腹，再水平滑向左上腹，然后滑向左下腹（似 U 形）。

胸部

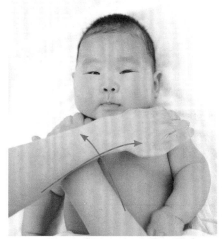

双手分别从胸部的外下侧向对侧的外上侧移动（似 X 形），止于肩部。

胳膊和双手

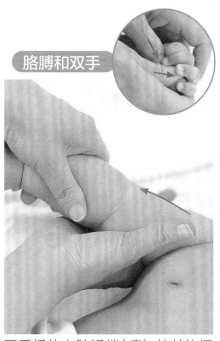

双手抓住上肢近端（肩），边挤边滑向远端（手腕），并搓揉大肌肉群及关节。按揉宝宝双手掌心和手指。

腿部和双脚

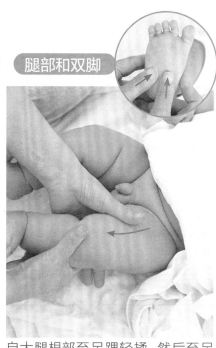

自大腿根部至足踝轻揉，然后至足底、足背及脚趾。

背部

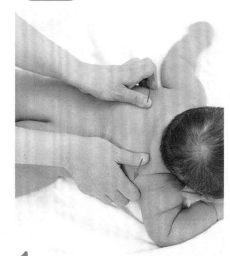

1. 宝宝呈俯卧位，自颈部至骶尾部沿脊柱两侧做横向抚触。

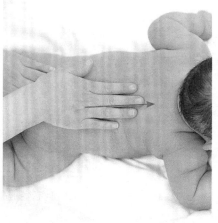

2. 横向抚触之后，再做纵向抚触。

3. 双手纵向轻轻捏宝宝后背的肌肉（半岁以内的宝宝不要做）。

第四章
7个月，软滑的菜粥和面条

胡萝卜粥

用料：
大米 30 克
胡萝卜半根

做法：
①胡萝卜洗净去皮后切成小碎块；大米淘洗干净，浸泡 1 时。②大米加水后，用小火熬煮成粥，加入胡萝卜块继续熬至软烂。

 对宝宝的好处：
保护眼睛、促进生长发育、增强抵抗力。

> 宝宝的第一口菜粥

> 胡萝卜吃得过多，宝宝皮肤可能会发黄，所以不宜过量食用。

山药粥

用料:
山药 20 克
大米 30 克

做法:
①山药洗净,去皮,切块,放入锅中煮10分钟,捞出并捣成泥。②大米洗净后,泡30分钟。将大米放入锅内,加水并用大火煮沸,转小火慢煮,再将山药泥放入,一同煮至米熟。

 对宝宝的好处:
山药作为高营养食品,非常适合腹泻的宝宝补充营养素。

宝宝若便秘,就不要在辅食中添加山药。

苋菜粥

用料:
大米 50 克
苋菜 3 棵

做法:
①将苋菜择洗干净,切碎;焯水处理。②大米淘洗干净,放入锅内,加适量水煮至粥成,加苋菜,再煮半分钟。

 对宝宝的好处:
宝宝长牙期食用,能促进牙齿的生长。

苋菜煮粥不仅口味甘香,而且也很好看。

南瓜粥

原料:
大米 50 克
南瓜 50 克

做法:
①南瓜去皮,切成小块;大米洗净,备用。②将南瓜和大米一起放入锅内,加水,大火煮沸。③转小火煮至大米和南瓜软烂即可。

 对宝宝的好处:
南瓜中含有的锌,是促进宝宝生长发育的重要物质。

南瓜含有宝宝必需的组氨酸。

冬瓜粥很适宜宝宝夏天食用.

冬瓜粥

蛋白质 维生素C 膳食纤维

用料：
大米 50 克
冬瓜 20 克

做法：
①大米淘洗干净，浸泡 1 小时；冬瓜洗净，去皮，切成小丁。②将冬瓜和大米一起熬煮成粥即可。

 对宝宝的好处：
冬瓜利尿排湿，能够防止宝宝上火。

妈妈也可以将生蛋黄打散，倒入大米粥中搅匀，煮沸即可.

蛋黄粥

蛋白质 维生素

原料：
大米 25 克
熟鸡蛋黄 1/4 个

做法：
①大米淘洗干净，用水浸泡半小时。②将大米放入锅中，加适量水，大火煮沸后换小火煮 20 分钟。③在煮好的大米粥中加入压碎的熟蛋黄拌匀。

 对宝宝的好处：
蛋黄营养丰富，能促进身体发育，强壮身体。

如果宝宝脾胃虚寒，则不宜食用芹菜.

芹菜粥

维生素 氨基酸 铁

用料：
大米 50 克
芹菜 30 克

做法：
①大米洗净，加水放入锅中，熬成粥。②芹菜洗净，切成丁，在粥熟时放入，再煮 3 分钟即可。

 对宝宝的好处：
芹菜富含铁，防止缺铁性贫血。

青菜汤面

用料:
宝宝面条 20 克
青菜 3 棵

做法:
①青菜择洗干净后,放入热水锅中烫熟,捞出晾凉后,切碎并捣成泥。②将面条掰成短小的段,放入沸水中煮熟软。③起锅后加入适量青菜泥即可。

 对宝宝的好处:
利于生长发育,提高宝宝的免疫力。

宝宝的第一口面条

妈妈为宝宝制作面条时宜选择宝宝专用面条。

西红柿烂面条

用料:
宝宝面条 30 克
西红柿 1 个

做法:
①将西红柿洗净后用热水烫一下,去皮,捣成泥。②将面条掰碎,放入锅中,煮沸后,放入西红柿泥,煮熟即可。

 对宝宝的好处:
促进消化,调节宝宝的肠胃功能。

酸酸甜甜的味道,宝宝一口接一口。

白菜烂面条

用料:
宝宝面条 30 克
白菜叶 1 片

做法:
①白菜叶洗净,切碎。②将面条掰碎,放进锅里,待面条煮沸后,转小火并加入白菜叶一起烧煮,大约 5 分钟后起锅。

 对宝宝的好处:
提高免疫力,促进大脑发育,维护肠道健康。

白菜洗后不宜浸泡,以免损失有益宝宝健康的维生素。

大米花生汤

原料：
大米 30 克
花生米 10 粒

做法：
①大米淘洗干净；花生米（不用去皮）一掰两半，与大米同煮成粥。
②待粥温热不烫后取米粥上的米汤。

 对宝宝的好处：
补铁补血，预防缺铁性贫血。

第一次给宝宝做此汤，花生米个数不宜多，并观察宝宝是否有过敏症状。

大米绿豆汤 B族维生素

用料：
大米 30 克
绿豆 30 克

做法：
①将大米、绿豆淘洗干净，加适量水煮成粥。②待粥晾温后取米粥上层的汤即可。

对宝宝的好处：
夏天宝宝出汗多，用绿豆煮汤来补充水份是很理想的方法。

绿豆汤偏寒，所以妈妈在给宝宝添加的时候要适量。

大米红豆汤

用料：
大米 30 克
红豆 30 克

做法：
①将大米、红豆淘洗干净，加适量水煮成粥。②待粥温后取米粥上的汤，注意撇掉红豆的皮再喂给宝宝。

 对宝宝的好处：
增强宝宝免疫力，保护肠胃健康，防止宝宝便秘。

一定要将红豆煮熟烂，以免有豆腥味。

山药羹

用料：
山药 30 克
大米 30 克

做法：
①大米淘洗干净，入水浸泡 1 小时；山药去皮洗净，切成小块。②将大米和山药块一起放入搅拌机中打成汁。③锅置火上，倒入山药大米汁搅拌，用小火煮至羹状即可。

 对宝宝的好处：
山药有健脾的作用，能让宝宝有好胃口。

将去皮后的山药放入清水中可以防止它变黑。

甘蔗荸荠水

用料：
甘蔗 1 小节
荸荠 3 个

做法：
①甘蔗去皮洗净，剁成小段。②荸荠洗净，去皮，去蒂，切成小块。③将甘蔗段和荸荠块一起放入锅里，加入适量水，大火煮开后撇去浮沫，转小火煮至荸荠全熟，过滤出汁液即可。

 对宝宝的好处：
助消化，促进牙齿和骨骼发育。

甘蔗的含糖量非常高，不要一次给宝宝喝太多。

宝宝若肺热咳嗽，加热后的梨汁就很适用。

梨汁 维生素C 膳食纤维

用料：
梨半个

做法：
①将梨洗净去皮、核，切成小块。②将梨块放入榨汁机中，加入两倍的温开水榨成汁，过滤出汁液即可。

 对宝宝的好处：
润肺清燥、止咳化痰、保护肝脏。

葡萄和奶不能同食，宝宝喝完奶1小时后才能喝葡萄汁。

葡萄汁 氨基酸 矿物质 维生素

用料：
葡萄50克

做法：
①将葡萄洗净，去皮、子。②将葡萄放入榨汁机内，加入适量的温开水后一同打匀，过滤出汁液即可。

对宝宝的好处：
健胃消食，对宝宝有良好的补益作用。

黄瓜汁散发出的清香味令宝宝心情好。

黄瓜汁 钙 镁 维生素C

用料：
黄瓜1根

做法：
①将黄瓜洗净去皮，切成小块。②将黄瓜块放入榨汁机，加适量的温开水，榨成汁即可。

对宝宝的好处：
提高免疫力，促进宝宝大脑和神经系统功能发育。

鲜藕梨汁

用料:
莲藕1节
梨半个

做法:
①将莲藕洗净,去皮,切成小块,入锅加适量水煮熟;梨洗净,去皮、核,切成小块。②将藕块和梨块一起放入榨汁机中榨汁,过滤出汁液即可。

 对宝宝的好处:
莲藕中含有丰富的优质蛋白质,与宝宝的身体所需接近。

如果汁液稠的话,可以适量加一点温开水。

苹果胡萝卜汁

用料:
苹果半个
胡萝卜半个

做法:
①将苹果去皮、核,洗净,切丁;胡萝卜洗净,切丁。②将苹果丁和胡萝卜丁放入锅内,加适量水煮10分钟,至胡萝卜丁、苹果丁均软烂,滤取汁液即可。

 对宝宝的好处:
胡萝卜与苹果搭配,能让宝宝眼睛更明亮。

苹果胡萝卜汁氧化速度很快,要尽快给宝宝饮用。

西红柿苹果汁

用料:
西红柿1个
苹果半个

做法:
①将西红柿洗净,放入开水中烫片刻,剥去皮,切成小块,用纱布把汁挤出。②将苹果去皮、核,切成块,用榨汁机榨汁。③取2汤勺苹果汁放入西红柿汁中,以1:2的比例加温开水即可。

 对宝宝的好处:
调理肠胃功能,增强宝宝抵抗力。

西红柿和苹果榨汁,无论是营养还是口味都是好搭配。

学会这些手法，在家给宝宝做 按摩

　　给宝宝按摩的手法是一种特殊的技巧和运动形式，需要经过一定练习才能做到熟能生巧。一般来说，按摩手法的基本要求是均匀、柔和、平稳着实，最后达到深透祛病的目的。学会下列按摩手法，妈妈们就能在家给宝宝按摩保健了。

1. 推法

推法通常分直推法、旋推法、分推法和合推法。

直推法

直推法

操作手法：用拇指桡侧缘或指腹，或食指、中指指腹从穴位上做单方向的直线推动，称为直推法。

注意事项：此法是小儿按摩常用的手法，常用于线状穴位，如开天门、推天柱骨、推大肠、推三关等。

旋推法

旋推法

操作手法：用拇指指腹在穴位上做顺时针的旋转推摩，称旋推法。

注意事项：推时仅靠拇指小幅度运动。此法主要用于手部面状穴位，如旋推脾经、肺经、肾经等。

分推法

分推法

操作手法：用双手拇指桡侧缘或指腹自穴位中间向两旁做分向推动，称分推法。

注意事项：此法轻快柔和，能分利气血，适用于坎宫、大横纹、腹部。

合推法

合推法

操作手法：用双手拇指指腹自线状穴的两端向穴中推动合拢，称为合推法。

注意事项：此法能和阴阳、和气血，适用于大横纹、腕背横纹等线状穴位。

2. 揉法

操作手法：用手掌大鱼际、掌根部分或手指指腹，在某个部位或穴位上轻柔回旋揉动，称为揉法。

注意事项：此法轻柔缓和，刺激量小，适用于全身各部位。常用于脘腹胀痛、胸闷胁痛、便秘及腹泻等肠胃疾病，以及因外伤引起的红肿疼痛等症。具有宽胸理气、消积导滞、活血祛瘀、消肿止痛的作用。

揉法

3. 按法

操作手法：用拇指指端、指腹或掌心按压在穴位上，并施以适当的压力即可。操作时着力部位要紧贴体表，不可移动，用力要由轻而重，不可大力度猛然按压。

注意事项：此法具有放松肌肉、开通闭塞、活血止痛的作用。腹泻、便秘、头痛、肢体酸痛麻木等病症常用此法治疗。

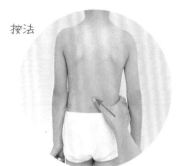

按法

4. 摩法

操作手法：用手掌掌面或食指、中指、无名指指面附着于一定部位上，以腕关节连同前臂做环形的有节律的抚摩，称为摩法。

注意事项：此法刺激轻柔缓和，是胸腹、胁肋部常用手法。用以治疗脘腹疼痛、食积胀满、气滞及胸胁迸伤等症。具有和中理气、消积导滞、调节肠胃蠕动的功能。应用时可配合按摩介质，如葱姜水、麻油等，以保护宝宝皮肤，加强疗效。

摩法

5. 擦法

操作手法：用手掌的大鱼际、掌根或小鱼际着力于一定部位，进行直线来回摩擦，称为擦法。

注意事项：操作时用力要稳，动作要均匀连续；呼吸自然，不可屏气。此法是一种柔和温热的刺激，具有温经通络、行气活血、消肿止痛、健脾和胃等作用。常用于治疗内脏虚损及气血功能失常的病症，尤以活血祛瘀的作用更强。应用时应配合按摩介质，以保护宝宝皮肤，并增强疗效。

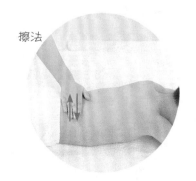

擦法

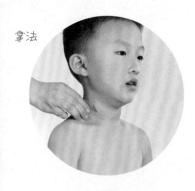
拿法

6. 拿法

操作手法: 用拇指和食指、中指，或用拇指和另外四指对称用力，提拿一定部位和穴位，进行一紧一松的拿捏，称为拿法。

注意事项: 拿法动作要缓和而有连贯性，不要断断续续，用力要由轻到重，不可突然用力。多用于治疗发汗解表、止惊定搐，如治疗风寒、感冒、惊风等。

搓法

7. 搓法

操作手法: 用双手的掌面夹住一定部分，相对用力快速搓、转或搓摩，并同时做上下往返移动，称为搓法。

注意事项: 双手用力要对称，搓动要快，移动要慢。此法适用于腰背、胁肋及四肢部。一般常作为按摩治疗的结束手法。具有调和气血、舒松脉络、放松肌肉的作用。

捏脊法

8. 捏法

捏法为小儿按摩常用手法，分为捏脊法和挤捏法两种。

捏脊法

操作手法: 用拇指桡侧缘顶住皮肤，食指、中指前按，三指同时用力提拿肌肤，双手交替捻动向前推行。也可以食指屈曲，用食指中节桡侧缘顶住皮肤，拇指前按，二指用力提拿肌肤，双手交替捻动向前推行。

注意事项: 捏脊法在操作时，所提皮肤多少和用力大小要适当，捏拿肌肤过多则不宜向前推动，过少则皮肤感到疼痛且容易滑脱。此外，捏拿时要直线向前，不可歪斜。

挤捏法

挤捏法

操作手法: 用双手拇指与食指、中指、无名指指端自穴位或穴位周围向中央用力挤捏，称为挤捏法。

注意事项: 操作时要使局部皮肤红润和充血为止，这样才能达到治愈目的。由于小儿皮肤比较娇嫩，因此一般小儿按摩较少用到挤捏法。

🐾 9. 掐法

操作手法:用拇指指甲或拇指、食指指甲用力掐入穴内但不掐破皮肤，称为掐法。

注意事项:掐法是强刺激手法之一，常用于点状穴位，为"以指代针"之法。如掐人中、掐十王、掐老龙。主要用于开窍、镇惊、熄风，可治疗惊风抽搐等。掐后常用拇指揉法，以减缓不适。

掐法

🐾 10. 拍法

操作手法:手指自然并拢，掌指关节微屈，平稳而有节奏地拍打不适部位，称为拍法。

注意事项:拍法适用于肩背、腰臀及下肢部位。适用于小儿麻痹后遗症、脑瘫等引起的局部感觉迟钝、肌肉痉挛等症，常用拍法配合其他手法治疗，具有舒筋通络、行气活血的作用。

拍法

🐾 11. 运法

操作手法:用拇指螺纹面或中指螺纹面，由此穴向彼穴或在穴周作弧形或环形推动，因常用手指进行推动，所以又称运法。

注意事项:做运法时，宜轻不宜重，用指指端在体表进行操作，不要带动皮下组织。运法宜缓不宜急，保持每分钟80~120次的频率即可。

运法

🐾 12. 捣法

操作手法:用中指指端或食指、中指屈曲后的近侧指尖关节突起部分为着力点，在一定的穴位或部位上做有节奏的点击。操作时，要以腕关节为活动中心，点击要有弹性。

注意事项:捣法适用于全身各部位的穴位，尤以手掌、脊背部为多，如捣小天心等，具有开导闭塞、祛寒止痛、镇惊安神的作用，常用于治疗惊风、发热、惊悸不安、四肢抽搐等症。

捣法

第五章

8个月，香喷喷的肉汤上桌啦

南瓜牛肉汤

用料：
南瓜 50 克
牛肉 50 克

做法：
①南瓜去皮，洗净，切成小丁；牛肉洗净，切成小丁，汆水后捞出。②在锅内放入适量水，大火煮开后放入牛肉丁，煮沸后，转小火煲约 2 小时，牛肉软烂时放入南瓜丁煮熟即可。

对宝宝的好处：

牛肉富含蛋白质、氨基酸，能提高宝宝的抵抗力。

宝宝的第一口肉汤

牛肉虽然营养丰富，但是粗纤维不易消化，宝宝可以喝些牛肉汤。

大米香菇鸡丝汤

用料:
鸡肉 50 克
大米 30 克
干黄花菜 10 克
香菇 3 朵

做法:
①干黄花菜泡软,反复冲洗几次,切段;香菇用水浸泡后,去蒂、洗净,切丝。
②鸡肉洗净、切丝;大米淘净。③将大米、黄花菜段、香菇丝放入锅内煮沸,再放入鸡丝煮至粥熟,取汤。

 对宝宝的好处:
健体益智,还能帮助宝宝有效抵抗感冒病毒。

香菇的鲜美搭配黄花菜的清香,宝宝吃得更欢喜。

芋头丸子汤

用料:
芋头 50 克
牛肉 50 克
水淀粉

做法:
①芋头洗净、蒸熟、去皮,用勺子挤成泥。
②牛肉洗净,切成碎末,拌进芋头泥,加适量水淀粉,然后沿一个方向搅上劲,做成丸子。③锅内加水,煮沸后下入芋头丸子,再沸后用小火煮熟即可。

 对宝宝的好处:
芋头含硒量较高,可以让宝宝的眼睛更明亮。

给宝宝食用丸子时,用勺子将丸子压碎分成小块,慢慢喂食。

鸡肉西红柿汤

用料:
鸡胸肉 50 克
西红柿 1 个

做法:
①鸡胸肉煮软切细碎;西红柿去皮后切成丝。②锅内加水煮沸,加入鸡胸肉和西红柿后,待鸡胸肉煮熟即可。

 对宝宝的好处:
调理肠胃,促进宝宝牙齿、骨骼生长,增强抵抗力。

内火偏旺、口腔溃疡的宝宝不宜食用鸡肉。

土豆块、胡萝卜及肉末的颗粒尽量细小。

土豆胡萝卜肉末羹

用料：
土豆1个
胡萝卜半根
肉末

做法：
①将土豆洗净去皮，切成小块；胡萝卜洗净去皮，切成小块；将土豆块、胡萝卜块放入搅拌机，加适量水打成泥。
②把胡萝卜土豆泥与肉末放在碗中拌匀，上锅蒸熟即可。

 对宝宝的好处：
保护视力，促进生长发育，提高免疫力。

勾芡后顺滑可口，但水淀粉不能放太多。

冬瓜蛋黄羹

用料：
冬瓜50克
熟鸡蛋黄1个
水淀粉

做法：
①冬瓜去皮、去瓤后切碎丁。②锅中加水煮开，放入冬瓜丁煮熟。③熟鸡蛋黄切碎，放入锅中煮1分钟，加水淀粉勾芡。

 对宝宝的好处：
夏季吃点冬瓜，可以解渴消暑，对于配方奶喂养的宝宝尤其适合。

如果宝宝平时易便秘、小便黄、舌苔厚，多食甜瓜，能有效缓解。

甜瓜汁

用料：
甜瓜半个

做法：
①将甜瓜洗净去皮，去瓤，切成小块。
②将甜瓜块放入榨汁机中，加适量的温开水榨汁，过滤出汁液即可。

 对宝宝的好处：
甜瓜有利于宝宝心脏、肝脏以及肠道系统的活动，夏天食用还能解暑。

苹果芹菜汁

用料:
芹菜 50 克
苹果半个

做法:
①将芹菜择洗干净,切成小段。②苹果洗净,去皮,去核,切成小块。③将芹菜段、苹果块放入榨汁机中,加适量温开水,榨汁即可。

 对宝宝的好处:
补铁补血,缺铁性贫血宝宝宜常吃。

芹菜不要去叶,因为芹菜叶中营养成分含量远远高于芹菜茎。

绿豆汤

用料:
绿豆 30 克

做法:
①将绿豆淘洗干净,用水浸泡 1 小时。②将绿豆倒入锅中,先用大火煮沸,后转小火煮至绿豆烂熟。③取上层汤,晾温后给宝宝食用即可。

 对宝宝的好处:
清热降火,防止宝宝便秘。

绿豆汤适合夏天给宝宝食用。

绿豆南瓜汤

用料:
绿豆 30 克
南瓜 200 克

做法:
①将南瓜去皮,洗净,切成小丁;绿豆用水洗净。②将绿豆放入锅中,加适量水,大火烧开,改小火煮 30 分钟左右,至绿豆开花时,放入南瓜丁,用中火烧煮 20 分钟左右,煮至汤稠浓即可。

 对宝宝的好处:
绿豆南瓜汤适宜夏季给宝宝食用,有消暑开胃的功效。

用漏勺捞去汤上漂浮的绿豆皮,将绿豆捣烂,再给宝宝食用。

鱼泥

用料：
鱼肉 50 克

做法：
①鱼肉洗净后去皮，去刺。②放入盘内，上锅蒸熟，将鱼肉捣烂即可。

 对宝宝的好处：
鱼肉中的 DHA 对宝宝智力发育和视力发育至关重要。

帮宝宝的第一口鱼肉

鱼肉是优质蛋白质的主要来源，尤其适合宝宝食用。

鸡汤南瓜泥

用料：
南瓜 50 克
鸡汤

做法：
①南瓜去皮，洗净后切成丁。②将南瓜丁装盘，放入锅中，加盖隔水蒸熟。③取出蒸好的南瓜，倒入碗内，淋入热鸡汤，用勺子压成泥即可。

 对宝宝的好处：
促进生长发育，保护视力。

南瓜泥能补血、通便、丰润肌肤，妈妈也可以吃一份。

葡萄干土豆泥

用料:
葡萄干 10 粒
土豆半个

做法:
①葡萄干洗净,用温水泡软,切碎。②将土豆去皮洗净,切成小块,上锅蒸熟,捣烂做成土豆泥。③锅加适量水,煮沸,放入土豆泥、葡萄干,转小火煮 3 分钟;出锅后晾温即可。

 对宝宝的好处:
葡萄干中的铁和钙含量十分丰富,是缺铁性贫血宝宝的滋补佳品。

> 葡萄干之类的小颗粒食材一定要切碎了再喂宝宝。

红枣蛋黄泥

用料:
红枣 3 颗
熟鸡蛋黄 1/4 个

做法:
①红枣洗净去核,切成碎末。②将红枣末放入碗内,隔水蒸熟。③将蒸熟后的红枣以及熟鸡蛋黄加适量温开水调成泥状即可。

 对宝宝的好处:
促进宝宝生长发育,提高抵抗力。

> 红枣甜腻,不易消化,每天不宜超过 3 颗。

疙瘩汤

用料:
面粉 50 克
熟鸡蛋黄 1/4 个
鱼汤 1 碗

做法:
①将面粉中加入适量水,用筷子搅成细小的面疙瘩。②将鱼汤倒入锅中,烧开后放入面疙瘩煮熟;将熟蛋黄碾成泥拌入其中搅匀即可。

 对宝宝的好处:
辅食添加初期经常食用,能促进大脑发育,让宝宝更聪明。

> 面疙瘩做得细小些,宝贝既能磨磨牙,又不会被噎到。

粥里还能加点蔬菜末，为宝宝补充维生素。

鸡肉泥粥

原料：
大米 20 克
鸡胸肉 30 克

做法：
①将大米淘洗干净；把鸡胸肉煮熟后撕成细丝，并剁成肉泥。②将大米放入锅内，加水慢火煮成粥；煮到大米完全熟烂后，放入鸡肉泥再煮 3 分钟即可。

 对宝宝的好处：
鸡肉富含不饱和脂肪酸，是宝宝较好的蛋白质来源。

宝宝若出现风热型感冒（表现为全身发烫），不要吃鸡肉。

苹果鸡肉粥

用料：
大米 50 克
鸡肉 30 克
香菇 2 朵
苹果半个

做法：
①大米淘洗干净，浸泡 1 小时。②鸡肉洗净，切丁；苹果去皮、核，切丁；香菇用水泡发后洗净，去蒂，切丁。③大米放入锅中，加适量水熬成粥，加入鸡肉丁、苹果丁、香菇丁用小火煮熟即可。

 对宝宝的好处：
促进牙齿、骨骼生长，增强抵抗力。

菠菜需在开水中焯片刻，以去除其中的草酸。

菠菜鸡肝粥

用料：
鸡肝 30 克
大米 50 克
菠菜 3 棵

做法：
①鸡肝洗净切末；菠菜洗净，切碎；大米淘洗干净，加水煮粥。②粥快熟时放入鸡肝末，鸡肝熟后放入菠菜末再煮几分钟即可。

 对宝宝的好处：
使宝宝眼睛明亮、精力充沛。

绿豆粥 B 族维生素

用料：
绿豆 30 克
大米 60 克

做法：
①绿豆、大米洗净后，浸泡 1 小时。
②将泡好的绿豆、大米放入锅内，加适量水，煮成粥即可。

对宝宝的好处：
提高消化能力，止泻、抗过敏。

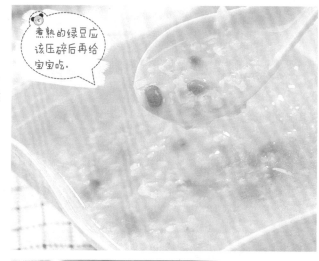
煮熟的绿豆应该压碎后再给宝宝吃。

鱼肉粥 牛磺酸 DHA

用料：
大米 30 克
鱼肉 50 克
菠菜 2 棵

做法：
①鱼肉洗净去刺，剁成泥；菠菜洗净，焯水后切碎；大米淘净。②大米入锅煮成粥，煮熟时下入鱼泥、菠菜碎至煮沸即可。

对宝宝的好处：
鱼肉中的牛磺酸促进宝宝的中枢神经和视网膜发育。

一定要将鱼刺剔除干净，并尽量选择鳕鱼、鲈鱼等刺少的鱼。

蛋黄菠菜粥 维生素 钙 磷

用料：
菠菜 40 克
熟鸡蛋黄 1/4 个
米饭 1 小碗

做法：
①菠菜洗净，焯水后切碎。②将熟鸡蛋黄压成蛋黄泥。③米饭加水熬成稀饭，将菠菜碎与蛋黄泥拌入即可。

对宝宝的好处：
菠菜中含有的膳食纤维能助消化、润肠道，有利于宝宝排便。

粥中加点鲜榨的水果汁，更能促进营养吸收。

按摩助消化，让宝宝有食欲吃得香

❤ 6 种按摩方法助消化，让宝宝"吃嘛嘛香"

消化不好、积食、腹胀、便秘是宝宝经常遇到的肠胃问题，这是由于饮食不当从而导致宝宝脾胃受伤引起的。治疗的根本是温阳散寒、健脾和胃、消食止胀，下面 6 种按摩方法简单易学，可以帮助宝宝促进消化，增强食欲。

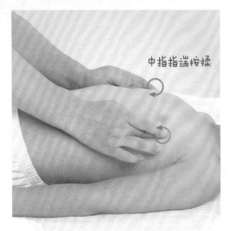

中指指端按揉

1. 揉乳周：用中指指端揉乳头四周。

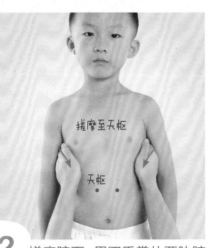

搓摩至天枢

天枢

2. 搓摩腋下：用双手掌从两胁腋下搓摩至天枢处。

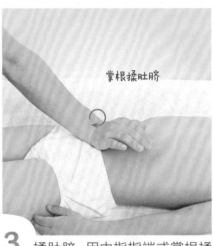

掌根揉肚脐

3. 揉肚脐：用中指指端或掌根揉肚脐，或者用拇指和食指、中指抓住肚脐抖揉。

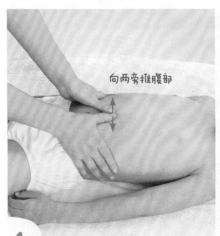

向两旁推腹部

4. 推腹部：用拇指自中脘至脐部向两旁推腹部。

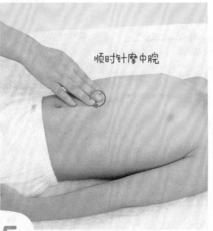

顺时针摩中脘

5. 摩中脘：用食指、中指、无名指三指摩中脘。

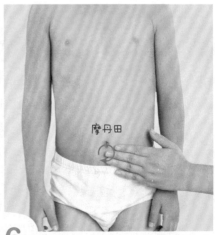

摩丹田

6. 摩丹田：用食指、中指和无名指指腹或掌面摩丹田。

增进食欲的神奇按摩法

宝宝没有生病，就是吃饭不香，脸色萎黄，相信这是很多父母担心的问题。长期进食不多会影响抵抗力，影响宝宝健康，稍有不慎就会感冒发烧，那么宝宝胃口差该如何解决呢？下面就为大家介绍一种能增进宝宝食欲的推拿方法，一起来学学吧。

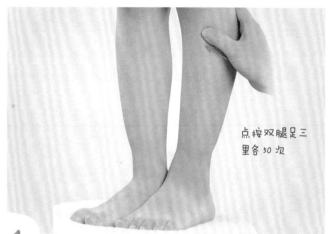

点按双腿足三里各50次

1. 点按足三里：双手拇指分别安放在足三里处，用指腹着力按压，一按一松，连续做 50 次。

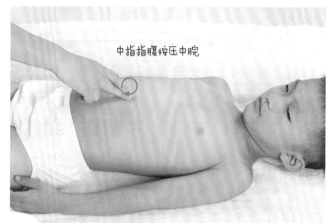

中指指腹按压中脘

2. 揉中脘：采用仰卧的姿势，用中指指腹稍用力向下按压中脘，然后带动肌肤做轻柔缓和的回旋转动，连续做 50 次。

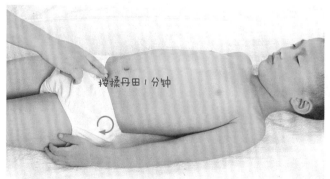

按揉丹田1分钟

3. 揉丹田：宝宝仰卧，用中指轻轻按揉丹田 1 分钟。

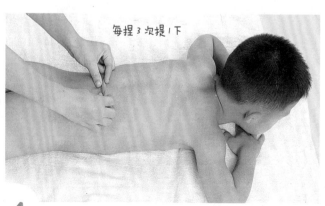

每捏3次提1下

4. 捏脊：双手沿脊柱两旁，由下而上连续地以拇指、食指捏拿皮肤，边捏边交替前进，注意捏时要用力拎起肌肤，每捏 3 次提 1 下。每日 1 次即可。

第六章
9 个月，尝尝鲜虾的美味

虾泥

用料：
鲜虾 2 只

做法：
①鲜虾洗净，去头，去壳，去虾线，剁成虾泥后，放入碗中。②在碗中加少许水，上锅隔水蒸熟即成。

 对宝宝的好处
虾含有的磷、钙能促进宝宝骨骼和牙齿的顺利生长，增强体质。

宝宝的第一口虾

宝宝第一次吃虾，只能吃一点，还要注意宝宝会不会出现过敏症状。

鲜虾粥

 蛋白质　维生素　钙

用料：
鲜虾 3 只
大米 50 克
芹菜 30 克

做法：
①鲜虾洗净，去头，去壳，去虾线，剁成小丁；芹菜洗净，切碎。②大米淘洗干净，加水煮成粥，加芹菜末、鲜虾丁，搅拌均匀，煮 3 分钟即可。

 对宝宝的好处
虾含有丰富的蛋白质和维生素，还能为宝宝补充钙、锌等多种营养素。

鲜虾也可以换成切碎的虾皮。

鲜虾冬瓜汤

 维生素　 蛋白质

用料：
冬瓜 100 克
鲜虾 5 只
橄榄油

做法：
①冬瓜洗净去皮切片；鲜虾去头，去壳，去虾线，洗净。②炒锅烧热，加适量的油，放入鲜虾煸炒片刻，加水烧开后，放入冬瓜片煮 5 分钟即可。

 对宝宝的好处
为宝宝提供大量维生素和蛋白质，并有健脾祛湿的功效。

食用前把冬瓜片和虾要切碎。

虾皮鸡蛋羹

 钙　 磷

用料：
虾皮 5 克
小白菜 50 克
生鸡蛋黄半个
香油

做法：
①用温水把虾皮洗净泡软，然后切细碎。②小白菜洗净略烫一下，然后也切碎。③将虾皮、菜末与打散的鸡蛋黄混匀，加适量水。④上锅蒸 3~5 分钟，出锅时滴几滴香油。

 对宝宝的好处
虾皮营养丰富，是物美价廉的补钙佳品。

妈妈还可以把虾皮换成虾仁，剁成泥。

不要用生香蕉做辅食，因为生香蕉含有较多鞣酸，可能会导致宝宝便秘。

香蕉蛋黄糊 膳食纤维 铁 维生素C

用料：
熟鸡蛋黄半个
香蕉半根
胡萝卜半根

做法：
①熟鸡蛋黄压成泥；香蕉去皮，用勺子压成泥；胡萝卜洗净、切块，煮熟后压成胡萝卜泥。②把蛋黄泥、香蕉泥、胡萝卜泥混合，再加入适量温开水调成糊，放在锅内略蒸即可。

 对宝宝的好处：
香蕉与蛋黄同食，对促进宝宝大脑和神经系统的发育尤其有好处。

蛋黄豌豆糊 维生素A 蛋白质

不可让宝宝一次吃太多豌豆，以免引起腹胀。

用料：
豌豆 20 克
大米 20 克
熟鸡蛋黄半个

做法：
①大米淘净，在水中浸泡 2 小时；豌豆洗净煮烂，压成豆泥。②将熟鸡蛋黄压成泥。③将大米和豆泥加水一起煮 1 小时，呈半糊状后拌入蛋黄泥。

 对宝宝的好处：
有利于造血以及骨骼和脑的发育，还可提高免疫力。

鱼菜米糊 蛋白质 维生素

宝宝宜常吃鱼肉，每周 2~3 次为佳。

用料：
米粉 20 克
鱼肉 25 克
青菜 30 克

做法：
①将青菜、鱼肉洗净后，分别剁成碎末放入锅中蒸熟。②将米粉放入碗中，加入温开水，边倒边搅拌成米粉糊。③将蒸好的青菜和鱼肉加入调好的米粉糊，搅匀即可。

 对宝宝的好处：
鱼和菜搭配，不但能促进宝宝的脑部发育，还能提高免疫力。

鸡汤馄饨

用料:
鸡肉末 50 克
青菜 2 棵
馄饨皮 10 张
鸡汤
葱花

做法:
①将青菜择洗干净,切成碎末,与鸡肉末拌匀做馅。②包成小馄饨。③鸡汤烧开,下入小馄饨,煮熟时撒上葱花即可。

 对宝宝的好处:
鸡肉是宝宝较好的蛋白质来源,也非常适合贫血宝宝食用。

宝宝的第一口馄饨

将馄饨煮得稍过一些,化了的馄饨皮便于宝宝吃和消化。

鱼泥馄饨

用料:
鱼肉 50 克
馄饨皮 10 张
青菜 2 棵
葱花

做法:
①将鱼肉洗净去刺,剁成泥;青菜洗净切碎。②将鱼泥、青菜末混合做馅,包入馄饨皮中。③锅内加水,煮沸后放入馄饨煮熟,撒上少量葱花即可。

 对宝宝的好处:
鱼泥能维持大脑功能,促进宝宝的智力发育。

馄饨还可以和面条一块儿煮,美妙搭配让宝宝多一种选择。

丝瓜虾皮粥

用料:
大米 40 克
丝瓜半根
碎虾皮

做法:
①丝瓜洗净,去皮,切碎丁;大米淘洗干净,用水浸泡 30 分钟。②大米倒入锅中,加水煮成粥,将熟时,加入丝瓜块和碎虾皮同煮,煮熟即可。

 对宝宝的好处:
丝瓜与大米同煮,能清热祛火,调理宝宝的肠胃。

丝瓜应置室内通风处 1~2 天,以使酶发挥作用。

78

苹果猕猴桃羹

用料：
苹果1个
猕猴桃半个

做法：
①苹果洗净，去皮、去核后，切成小丁；猕猴桃去皮，切成丁。②将苹果丁、猕猴桃丁放入锅内，加水大火煮沸，再转小火煮10分钟即可。

 对宝宝的好处：
猕猴桃含有丰富的膳食纤维，可以显著改善宝宝的便秘症状。

首次给宝宝吃猕猴桃时，先喂少量，看宝宝有没有过敏等症状。

红枣羹

用料：
红枣5颗
大米30克
熟蛋黄半个

做法：
①红枣泡软后去核；蛋黄研碎；大米洗净。②锅内放入大米、红枣，加入适量水，煮至米熟后放入蛋黄末，烧沸即可。

 对宝宝的好处：
红枣中含有丰富的维生素C，有助于改善宝宝过敏症状。

喂食时，须将红枣捣烂喂给宝宝。

鱼泥羹 叶酸 B族维生素

原料:

鱼肉 50 克
熟蛋黄半个
姜片
葱段

做法:

①鱼肉洗净,加水、姜片、葱段清炖
15~20 分钟。②取出鱼肉,剔净皮、刺,
拌入熟蛋黄,用小勺捣成泥状。③兑入
少量凉开水,再用小火蒸 5 分钟。

 对宝宝的好处:

促进宝宝智力发育,保护视力。

最好不要让宝宝吃罗非鱼、方头鱼、鲶鱼,因为这些鱼体内汞含量偏高。

苋菜鱼肉羹 蛋白质 维生素 钙

用料:

鱼肉 50 克
苋菜 5 棵
葱花

做法:

①将鱼肉洗净,去刺切丁;苋菜洗净,
切碎。②锅中加适量水烧开,放入鱼肉
丁、切碎的苋菜煮开,出锅前撒上葱花
即可。

 对宝宝的好处:

润肠通便、防止便秘,促进宝宝牙齿和
骨骼的生长。

苋菜性寒凉,体虚和慢性腹泻的宝宝不宜食用。

蛋黄鱼泥羹 DHA 铁

用料:

鱼肉 30 克
熟蛋黄半个

做法:

①鱼肉洗净后去皮、去刺,放入盘内,
上锅蒸熟。②熟鸡蛋黄用勺子压成泥。
③加入少量温开水,二者同食即可。

 对宝宝的好处:

促进宝宝大脑和神经系统的发育,保护
视力。

蛋黄和鱼泥都是高蛋白食物,妈妈可以给长牙期的宝宝多吃一点。

五颜六色的食材看起来漂亮，味道也很丰富，能增加宝宝胃口。

时蔬浓汤

 维生素　 膳食纤维　有机酸

原料：
西红柿 1 个
黄豆芽 50 克
圆白菜 50 克
胡萝卜 1 根
洋葱半个
高汤

做法：
①黄豆芽洗净，洋葱、胡萝卜、西红柿洗净切丁；圆白菜洗净切丝；土豆洗净去皮切丁。②高汤加水煮开后放入所有蔬菜，大火煮沸后，转小火，熬至所有食材软烂，汤浓稠状即可。

 对宝宝的好处：
汤中富含各类有机酸，能调整宝宝胃肠功能。

菠菜猪血汤

维生素C　膳食纤维

猪血不能煮太久，否则就变老了，口感不滑嫩。

用料：
猪血 50 克
菠菜 2 棵

做法：
①菠菜洗净，切段，焯水；猪血冲洗干净，切小块。②把猪血放入沸水锅内稍煮，再放入菠菜叶煮沸即可。

 对宝宝的好处：
补铁补血，促进肠道蠕动，促进排便。

蛋花豌豆汤

 钙　 磷　 蛋白质

豌豆一定要煮烂，喂食时，还要用勺子将豌豆压碎后给宝宝食用。

用料：
大米 40 克
豌豆 20 克
生鸡蛋黄半个

做法：
①将大米、豌豆洗净后，浸泡 30 分钟。②将泡好的大米、豌豆放入锅中，加适量的水，大火煮沸后，转小火慢煮至熟烂。③把生鸡蛋黄打散，慢慢倒入锅中，搅匀，再稍煮片刻即可。

 对宝宝的好处：
抗菌消炎，促进身体新陈代谢。

青菜鱼丸汤 钙 磷 DHA

用料:
青菜 2 棵
鱼肉 50 克
胡萝卜半根
土豆半个
水淀粉

做法:
①鱼肉剔除鱼刺,剁泥,加水淀粉制成鱼丸;青菜洗净,开水焯后剁碎;胡萝卜洗净,切丁;土豆去皮洗净,切丁。②烧水放入胡萝卜丁、土豆丁煮软,再放入青菜、鱼丸煮熟即可。

 对宝宝的好处:
鱼丸含有丰富的 DHA,可提高脑细胞活力,让宝宝更加聪明、活泼。

宝宝如果有口舌生疮等上火症状,应少吃或不吃鱼丸。

清蒸鲈鱼 蛋白质 维生素A

用料:
鲈鱼 1 条
葱白丝
姜丝

做法:
①鲈鱼去鳞,去鳃,去内脏,洗净后在鱼身两面划上刀花,放入蒸盘中。②在鱼身上撒上葱白丝、姜丝,水开后上锅蒸 8 分钟左右即可。

 对宝宝的好处:
促进智力发育,提高免疫力。

清蒸鲈鱼不仅口感鲜美,还能最大限度地保存营养。

鸡蛋面片 碳水化合物 蛋白质 膳食纤维

用料:
面粉 70 克
生鸡蛋黄半个
青菜 20 克

做法:
①将面粉放在大碗内,蛋黄打散倒入面粉中,加适量水,揉成面团。②将揉好的面团擀薄,切成小片;青菜择洗干净,切碎。③烧水煮面,面片将熟时,放入切碎的青菜略煮即可。

 对宝宝的好处:
提供宝宝所需能量,促进生长发育,还能防止宝宝便秘。

青菜含有丰富的膳食纤维,和面片一起煮食,还能丰富辅食的口感。

捏捏按按，宝宝眼睛亮、更聪明

宝宝拥有好视力的按摩手法

如今，手机、电脑的普及让宝宝很小就接触这些电子产品，这对宝宝的眼睛造成了无形的伤害。另外，随着宝宝入园和入学，学习压力越来越大，怎样能让宝宝拥有一双明亮的眼睛成了父母们心中的头等大事。下面这套按摩操可以帮助宝宝拥有好视力。每天坚持进行，让宝宝远离近视。

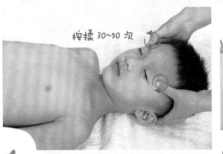

按揉 30~50 次

1. 用拇指或中指指端按揉丝竹空 30~50 次。

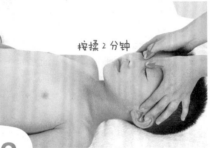

按揉 2 分钟

2. 用拇指指端按揉睛明 2 分钟。

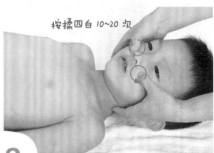

按揉四白 10~20 次

3. 用拇指指端按揉四白 1 分钟。

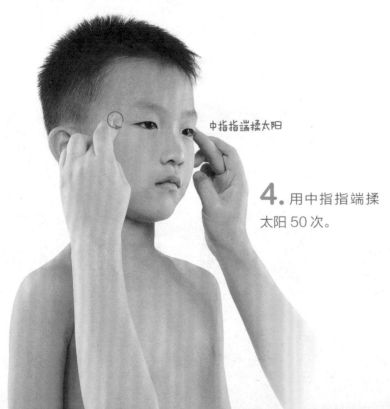

中指指端揉太阳

4. 用中指指端揉太阳 50 次。

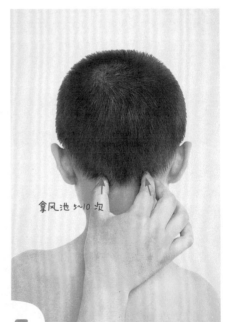

拿风池 5~10 次

5. 用拇指和食指拿捏两边的风池 5~10 次。

头颈部按摩，让宝宝更聪明

每天临睡前，给宝宝按摩头部，可以促进宝宝脑部血液循环，提高大脑氧气供给，调节宝宝大脑皮质，有增强记忆、提高智力的作用。

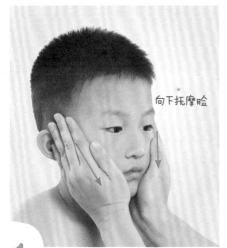

向下抚摩脸

1. 用双手从两侧向下抚摩宝宝的脸。

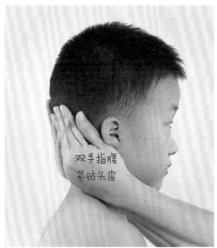

双手指腹紧贴头皮

2. 双手向宝宝的脸两侧滑动，滑向后脑。用手腕托起头部的同时，双手指腹紧贴头皮，轻轻画小圈按摩头部，包括囟门。

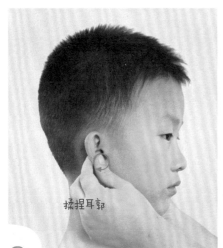

揉捏耳郭

3. 食指、中指和拇指配合，3个手指揉捏宝宝耳部，从上面按到耳垂。

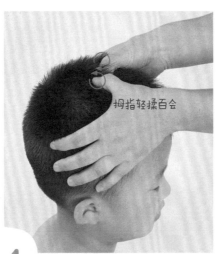

拇指轻揉百会

4. 用双手拇指轻揉百会（两耳尖与头正中线相交处）。

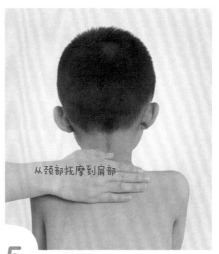

从颈部抚摩到肩部

5. 用除拇指外的4个手指从颈部抚摩到肩部。

第七章
10个月，米饭加入餐单

软米饭

用料：
大米50克

做法：
①将大米淘净后浸泡30分钟，放入电饭锅。②加100毫升的水煮熟即可。

 对宝宝的好处：
米饭是补充营养素的基础食物，可维持宝宝大脑、神经系统的正常发育。

五角星形状的米饭，更能引起宝宝进食的乐趣，增加食欲。

宝宝的第一口米饭

南瓜软米饭

用料：
大米 50 克
南瓜 30 克
橄榄油

做法：
①南瓜去皮，切小丁；大米洗净。②油锅烧热，倒入南瓜块翻炒 1 分钟。③加入适量水，倒入洗净的大米，盖上锅盖，转中火焖 20 分钟，然后打开盖搅拌均匀，再次盖上锅盖用小火焖熟。

 对宝宝的好处：
南瓜所含的 β - 胡萝卜素能保护宝宝的眼睛。

可以在做好的饭中加入半个碾成泥的熟蛋黄，让宝宝摄入更多营养。

青菜软米饭

用料：
大米 20 克
青菜 30 克
高汤

做法：
①大米洗净，加水，蒸成软饭；青菜择洗干净，切末。②将米饭放入锅内，加入适量高汤一起煮开，煮软后加青菜末，煮至软烂。

对宝宝的好处：
丰富的维生素 C 能增强免疫力，帮助预防宝宝感冒。

此时宝宝的牙床刚能捣碎熟香蕉，妈妈可用这个标准判断米饭硬度是否合适。

蔬菜虾蓉软米饭

用料：
鲜虾 3 个
西红柿 10 克
西芹 10 克
香菇 15 克
胡萝卜 15 克
软米饭 1 碗

做法：
①西红柿、香菇均洗净，去蒂切丁；胡萝卜、西芹均洗净，切丁；鲜虾去壳、去虾线，洗净，剁成虾蓉后蒸熟。②把所有蔬菜加水煮熟，再加虾蓉煮熟，把此汤料淋在煮好的软米饭上即可。

 对宝宝的好处：
促进食欲，让宝宝爱上吃饭。

西芹性凉，宝宝腹泻时不宜吃。

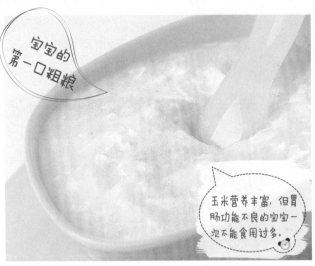

宝宝的第一口粗粮

玉米营养丰富，但胃肠功能不良的宝宝一次不能食用过多。

玉米粥

用料：
碎玉米粒 50 克
大米 30 克

做法：
①将大米洗净。②将碎玉米粒、大米一起下锅用小火煮到玉米粒熟烂即可。

 对宝宝的好处：
玉米中的膳食纤维含量很高，能刺激胃肠蠕动，防止宝宝便秘、肠炎。

还可以在粥中加入蛋黄、肉末等富含蛋白质的食物。

小白菜玉米粥

用料：
小白菜 50 克
玉米面 50 克

做法：
①小白菜洗净，入沸水中焯烫，捞出，切成末；用温水将玉米面搅拌成浆，加入小白菜末拌匀。②锅中倒水煮沸，下入小白菜末、玉米浆，大火煮沸即可。

 对宝宝的好处：
有利于身体协调发展，防止宝宝挑食。

可以加入一些菜花与香菇搭配，能利肠胃、壮筋骨。

香菇大米粥

用料：
鲜香菇 1 朵
大米粥
橄榄油

做法：
①鲜香菇洗净，切碎。②锅内加少量橄榄油烧热后放入鲜香菇快速翻炒，炒至熟烂。③将大米粥倒入锅中，拌匀即可。

 对宝宝的好处：
刺激胃液的分泌，促进消化，还能增强宝宝体质。

蛋黄碎牛肉粥

用料:
牛肉 50 克
大米 50 克
生鸡蛋黄 1 个
葱末
橄榄油

做法:
①大米洗净;牛肉洗净,剁成末。②油锅烧热,放入牛肉末和葱末一起炒。③放入大米和水煮开,改用小火继续煮40分钟。④趁热放入打散的蛋黄液即可。

 对宝宝的好处:
补充能量,让宝宝更有活力。

牛肉属于发物,有湿疹的宝宝最好不要食用。

胡萝卜瘦肉粥

用料:
大米 30 克
生鸡蛋黄 1 个
胡萝卜半根
猪瘦肉

做法:
①将胡萝卜、猪瘦肉分别洗净剁碎;大米淘洗干净。②将大米、猪瘦肉丁、胡萝卜丁一起放入锅内,加适量水煮成粥,粥熟后打入蛋黄液搅匀,略煮即可。

 对宝宝的好处:
胡萝卜与猪肉搭配,可以促进宝宝对营养的吸收,保护宝宝的视力。

多吃点瘦肉,可以缓解有些宝宝的贫血症状。

什锦蔬菜粥

用料:
大米 30 克
芹菜
胡萝卜
黄瓜
碎玉米粒

做法:
①将大米淘洗干净,浸泡1小时;胡萝卜、芹菜、黄瓜分别洗净,切丁。②将大米放入锅中,加适量水煮粥。③粥将熟时,放入胡萝卜丁、芹菜丁、黄瓜丁、碎玉米粒煮10分钟即可。

 对宝宝的好处:
什锦蔬菜粥营养全面,不仅能促进生长发育,还能帮助宝宝排便。

妈妈可以切得更碎、更细一些。

蛋黄香菇粥

用料：
生鸡蛋黄 1 个
香菇 2 朵
大米 30 克

做法：
① 大米淘洗干净，浸泡 1 小时；香菇洗净，去蒂，切成丝；生鸡蛋黄打散。② 将大米和香菇丝放入锅中，加水煮沸，再下蛋黄液，搅拌均匀，煮至粥熟即可。

对宝宝的好处：
促进宝宝新陈代谢，提高抵抗力。

也可以用压碎的熟蛋黄代替蛋黄液拌入粥中。

黑米粥

用料：
大米 10 克
黑米 20 克
红豆 30 克

做法：
① 大米、黑米、红豆分别洗净后，浸泡 2 小时。② 将大米、黑米、红豆放入锅中，加入适量水煮至稠烂即可。

对宝宝的好处：
黑米被称为"补血米"，可预防宝宝贫血。

黑米粥一定要煮烂，否则大多数营养素不易溶出，而且不易消化。

鳝鱼粥 DHA 卵磷脂 维生素A

用料:

鳝鱼 100 克
大米 50 克
薏米 30 克
山药 20 克

做法:

①将鳝鱼去骨、去内脏, 洗净切段; 大米、薏米洗净; 山药去皮, 洗净, 切小块。
②锅内放入适量水, 煮开后放入鳝鱼段、大米、薏米、山药块, 煮至粥熟即可。

 对宝宝的好处:

鳝鱼富含 DHA 和卵磷脂, 能促进宝宝大脑发育。

鳝鱼应选用现杀的才新鲜。

平菇蛋花汤 蛋白质 氨基酸 矿物质

用料:

平菇 50 克
生鸡蛋黄 1 个
青菜

做法:

①平菇洗净, 切碎; 生鸡蛋黄打散; 青菜择洗干净, 切碎。②油锅烧热, 倒入平菇末炒至熟。③锅内倒入适量水, 煮开后倒入炒熟的平菇末, 再淋入蛋黄液和青菜末略煮即可。

 对宝宝的好处:

宝宝常吃平菇等菌类食品,能减少流感、肝炎等病毒性感染机会。

平菇要尽量切得细碎一些, 宝宝吃着更安全。

青菜土豆汤 蛋白质 维生素C 钾

用料:

青菜 3 棵
肉末 20 克
土豆半个
橄榄油

做法:

①青菜洗净切碎; 土豆去皮, 洗净, 切小丁。②油锅下肉末炒散, 下土豆丁, 炒5 分钟。③倒入适量水, 煮开后, 转小火煮 10 分钟,然后放青菜碎略煮即可。

 对宝宝的好处:

土豆富含钾元素, 钾元素维持平衡才能让宝宝精力旺盛。

最好挑新土豆。它表面是一层嫩皮, 轻轻一搓就会掉下。

肉末海带羹

用料：
肉末 20 克
海带 30 克

做法：
①海带洗净后切碎。②锅内加水煮开后，放入海带碎末煮熟，然后放入肉末，边煮边搅，煮开3分钟即可。

 对宝宝的好处：
海带含碘量高，适度补碘，可预防宝宝甲状腺疾病。

选海带时要选叶宽、质地厚实、颜色褐绿或土黄色的为宜。

柠檬土豆羹

用料：
生鸡蛋黄 1 个
土豆半个
柠檬汁

做法：
①将土豆洗净，去皮，切成丁，放入开水中煮熟盛出。②在锅中加入适量水，放入土豆丁，加入柠檬汁，待汤烧沸。③将鸡蛋黄打入碗中调匀，慢慢倒入锅中，略煮即可。

对宝宝的好处：
土豆中的黏蛋白不但有润肠作用，还能促进脂类代谢，帮助宝宝排便。

也可以把煮熟的土豆捣成泥，再加入柠檬汁。

西瓜桃子汁

用料:
西瓜瓤 100 克
桃子半个

做法:
①将桃子洗净,去皮,去核,切成小块;西瓜瓤切成小块,去掉西瓜子。②将桃子块和西瓜块放入榨汁机中,加入适量温开水,榨汁即可。

 对宝宝的好处:
桃子富含果胶,宝宝经常食用可以预防便秘。

宝宝胃肠功能比较弱,不能一次吃太多西瓜。

芒果椰子汁

用料:
椰子汁 50 克
芒果半个

做法:
①芒果洗净,去皮,去核;将芒果肉与适量的温开水一起放入榨汁机榨汁。②将芒果汁兑入等量的椰子汁中即可。

 对宝宝的好处:
提高宝宝抵抗力,帮助抵御流感病毒。

宝宝第一次喝,少用一些芒果,并注意宝宝有没有过敏症状。

西红柿鸡蛋面

用料:
宝宝面条 50 克
西红柿 1 个
生鸡蛋黄 1 个
香菇 1 个

做法:
①西红柿洗净,用开水烫一下,去皮,切丁;香菇洗净,去蒂切末;蛋黄打散。②锅中加水,放入西红柿丁略煮,放入面条、香菇末煮熟,淋上蛋黄液即可。

 对宝宝的好处:
帮助消化,调理肠胃功能,增强宝宝免疫力。

给宝宝吃面时,需将面条用勺子分成小段。

每天 按摩 10 分钟，宝宝长得高、身体棒

宝宝长得更高的按摩手法

研究证明，宝宝的身高除了受父母遗传因素的影响外，后天的因素也不可小觑。在保证营养全面、适度锻炼、优质睡眠的基础上，运用经络按摩也可以增强经络气血的运行，促进新陈代谢，有利于宝宝骨骼的发育，促使宝宝长高。

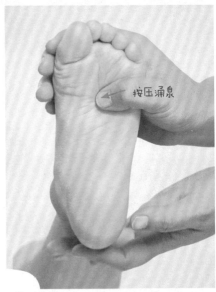

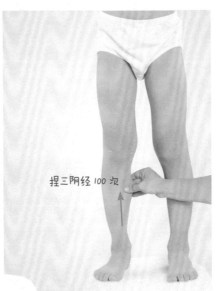

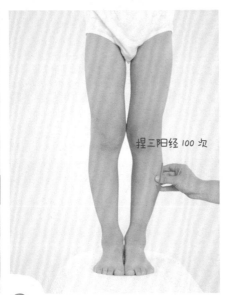

1. 按压宝宝脚底的涌泉 100 次。

2. 胳膊、腿的内侧为三阴经，从下往上捏三阴经 100 次。

3. 胳膊、腿的外侧为三阳经，用手从上往下捏三阳经 100 次。

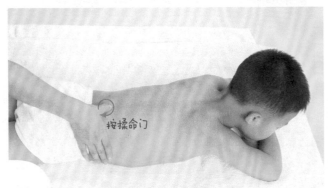

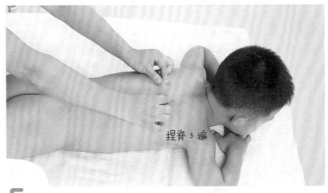

4. 按揉宝宝后腰部的命门，按揉 100 次。

5. 给宝宝进行捏脊 5 遍。

胸腹部按摩，让宝宝更健壮

宝宝哭闹的时候，身体内会产生压力激素，同时体内免疫力降低。此时，通过按摩宝宝的胸腹部可以放松宝宝的情绪，释放压力激素，提高免疫力，让宝宝更健壮。

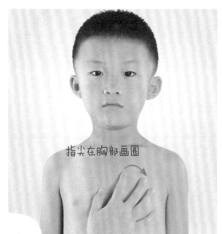

1. 用指尖在宝宝的胸部画圈，不要碰到乳头。

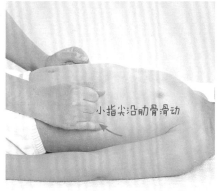

2. 用小指指尖轻轻沿每根肋骨滑动，然后沿两条肋骨之间的部位滑回来，轻轻伸展这个部位的肌肉。

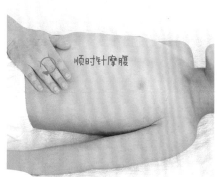

3. 顺时针摩腹，按摩小腹部时动作要特别轻柔，如果力度过大，会使宝宝感到不适。

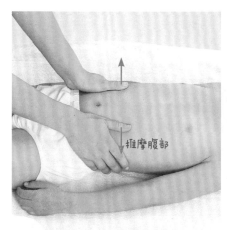

4. 双手从宝宝腹部中线开始，向两侧推摩腹部。

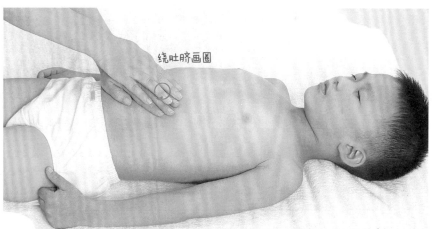

5. 左右手交叉，右手放在左手上方，用手指指腹沿宝宝肚脐周围画圈。

第八章
11 个月，软烂的蔬菜练咀嚼

玉米鸡丝粥

用料：
鸡肉 40 克
大米 50 克
碎玉米粒 20 克
芹菜

做法：
①大米淘洗干净，加水煮成粥；芹菜洗净切丁。②鸡肉切丝，放入粥内同煮。③粥熟时，加入碎玉米粒和芹菜丁，稍煮片刻即可。

 对宝宝的好处：
玉米含有的优质脂肪酸能增智健脑，让宝宝更聪明。

碎玉米粒，可以让宝宝磨磨牙，但一定要软一些。

西红柿炒鸡蛋

用料:
生鸡蛋黄 1 个
西红柿 1 个
橄榄油

做法:
❶将西红柿洗净,用开水烫一下,去皮,切成丁。❷生鸡蛋黄搅打均匀,入油锅略炒,盛出。❸油锅烧热,倒入西红柿丁翻炒,出汤后加鸡蛋黄稍收汁即可。

 对宝宝的好处:
有助于健胃消食,增强宝宝的食欲。

西红柿炒鸡蛋还可以拌面条吃,给宝宝开胃。

虾仁菜花

用料:
菜花 60 克
虾仁 3 个

做法:
❶菜花切碎,放入开水中煮软;虾仁用凉水解冻后切碎。❷锅中加水,放入虾仁碎煮成虾汁。❸将碎菜花加入,煮熟即可。

 对宝宝的好处:
菜花含有丰富的维生素,能提升宝宝的免疫力。

菜花要炖烂给宝宝吃,否则不易消化。

肉末炒黑木耳

 用料:
肉末 50 克
黑木耳 20 克
橄榄油

做法:
❶黑木耳泡发后,择洗干净,切碎。❷油锅烧热,下肉末炒至变色,下黑木耳,炒熟即可。

 对宝宝的好处:
黑木耳富含铁元素,常吃可以防治宝宝的缺铁性贫血。

黑木耳质感香糯,让肉末更鲜美,宝宝吃得更香。

青菜不能焖着煮，否则会破坏其中的维生素。

青菜冬瓜汤

用料：
青菜 2 棵
冬瓜 50 克

做法：
①青菜洗净，切碎；冬瓜去皮洗净，切成薄片。②锅中加适量水，再放入切碎的青菜和冬瓜，煮沸后转小火炖煮 5 分钟左右即可。

 对宝宝的好处：

青菜冬瓜汤有利尿排湿的功效，是盛夏给宝宝清火的好选择。

给宝宝喂食豆腐，要用勺子切得细碎一些。

五色紫菜汤 蛋白质　碘　铁　钙

用料：
竹笋 10 克
豆腐 50 克
菠菜 1 棵
香菇 2 朵
紫菜

做法：
①将紫菜撕碎；豆腐切小块；香菇、竹笋洗净，切丝，焯水；菠菜洗净，切小段，焯水。②另取一锅加水煮沸，下所有蔬菜，煮熟即可。

 对宝宝的好处：

紫菜中的矿物质有益于宝宝的骨骼发育。

鲜汤中的白菜丝甘甜美味，很适合宝宝吃。

排骨白菜汤

用料：
排骨 100 克
白菜 50 克
香菜

做法：
①排骨洗净，氽水；白菜洗净，取菜帮切丝；香菜洗净，切段。②锅中放入适量的水，加排骨，大火烧开后转小火炖至熟烂，放白菜丝略煮，出锅前撒上香菜即可。

 对宝宝的好处：

补充蛋白质，还能促进肠壁蠕动，帮助宝宝消化。

芹菜叶蛋花汤

用料:
芹菜叶 10 克
西红柿半个
生鸡蛋黄 1 个
香油

做法:
①西红柿切丁; 生鸡蛋黄打蛋液。②芹菜叶洗净, 切碎。③锅中加入水, 放入西红柿丁, 煮沸后打入蛋黄液, 撒入芹菜叶。④蛋花成形后关火, 滴几滴香油即可。

 对宝宝的好处:
可促进生长,维持牙齿及骨骼正常发育,还能预防便秘。

芹菜叶中的营养成分比芹菜茎中的更为丰富。

丝瓜香菇肉片汤

用料:
猪肉 50 克
香菇 3 朵
丝瓜半根

做法:
①将丝瓜去皮洗净, 切片; 香菇洗净, 切丁; 猪肉洗净, 切片。②将丝瓜片、香菇丁放入开水锅内煮沸后, 下猪肉片, 煮熟即可。

 对宝宝的好处:
香菇和肉片都是高蛋白质物,能提高宝宝的机体免疫力。

丝瓜性凉, 宝宝一次不宜吃太多。

蘑菇鹌鹑蛋汤

用料:
蘑菇 50 克
鹌鹑蛋 3 个
青菜 2 棵
高汤
橄榄油

做法:
①蘑菇洗净, 切丁; 青菜洗净, 切成末; 锅中放冷水, 用小火煮熟鹌鹑蛋, 去壳。②油锅烧热后, 放入蘑菇煸炒, 然后加入高汤, 煮开后放入青菜末、鹌鹑蛋再煮 3 分钟即可。

 对宝宝的好处:
蘑菇中膳食纤维丰富,能够预防宝宝便秘。

把鹌鹑蛋捣碎了喂给宝宝,滑溜溜的鹌蛋易噎到宝宝。

红薯玉米粥

原料：
红薯 100 克
碎玉米粒 50 克
大米

做法：
①将大米洗净；红薯洗净，去皮，切成丁。②将红薯丁和碎玉米粒、大米一起下锅用小火煮到玉米粒熟烂即可。

对宝宝的好处：
红薯中含的膳食纤维特别多，可以软化粪便，适合便秘宝宝。

宝宝秋天适量吃点红薯，可缓解秋燥。

蒸鱼丸 叶酸

用料：
鱼蓉 50 克
胡萝卜 20 克
肉汤
酱油
水淀粉

做法：
①鱼蓉加入适量水淀粉搅拌均匀，做成鱼丸子。②鱼丸子放在容器中蒸；将胡萝卜切碎，放入肉汤中，加少许酱油煮。③将菜煮熟后加入水淀粉勾芡，浇在蒸熟的鱼丸子上。

对宝宝的好处：
鱼蓉有滋补健胃的作用，可使宝宝拥有一个好胃口。

蒸熟的鱼丸用勺子捣碎后再喂给宝宝吃。

红薯红枣羹

 碳水化合物 蛋白质 维生素C

用料:
红薯 50 克
红枣 5 颗

做法:
①将红薯洗净去皮,切成菱形块;红枣洗净去核,切成碎末。②将红薯块和红枣末放入碗内,上锅隔水蒸熟。③将蒸熟后的红薯、红枣加适量温开水捣成泥,调匀即可。

 对宝宝的好处:
增强宝宝抵抗力,促进宝宝骨骼和牙齿的健康。

红薯和红枣含糖量高,不宜多吃。

紫菜芋头粥

 铁 蛋白质 维生素

用料:
紫菜 10 克
银鱼 20 克
大米 30 克
芋头 2 个
青菜 2 棵

做法:
①青菜择洗干净,切丝;紫菜泡发,切碎;银鱼洗净,切末,用热水烫熟;芋头煮熟去皮,压成芋头泥。②大米洗净,加水,煮至黏稠,加入紫菜、银鱼末、芋头泥、青菜丝略煮即可。

 对宝宝的好处:
有利于宝宝的生长发育,预防宝宝贫血。

芋头一定要煮熟,否则芋头中的黏液会刺激宝宝咽喉。

燕麦南瓜粥

 蛋白质 B族维生素 钙 氨基酸

用料:
燕麦 30 克
大米 50 克
南瓜 50 克

做法:
①大米淘洗干净,用水泡 1 小时;南瓜洗净,削皮,切小块。②大米放入锅中,加水煮成粥后放入南瓜块,小火煮 10 分钟,再加入燕麦,继续小火煮 10 分钟即可。

 对宝宝的好处:
调理消化道功能,能够防治宝宝便秘。

给过敏体质的宝宝吃燕麦,要从少量开始慢慢添加,并注意有没有过敏反应。

包子皮要尽量擀薄。

素菜包

用料：
小白菜 50 克
香菇 5 朵
豆腐干 3 片
包子皮
香油

做法：
①小白菜洗净，放入热水中焯一下，晾凉后切碎，挤去水分。②香菇去蒂洗净；将香菇、豆腐干分别切成小丁，连同切碎的小白菜加适量香油拌成馅。③包子皮上馅收口成包子，上笼用大火蒸即可。

 对宝宝的好处：
多样的蔬菜能让宝宝养成不偏食的好习惯。

如果宝宝感冒发热了，不要给宝宝吃虾皮。

虾皮白菜包

用料：
小白菜 50 克
生鸡蛋黄 1 个
包子皮
虾皮
橄榄油

做法：
①生鸡蛋黄打散。②油锅烧热，放入虾皮炒香，倒入蛋黄液搅碎炒熟；小白菜洗净切末，挤出水分，放入虾皮鸡蛋中，制成包子馅。③将馅料包入面皮中，上笼蒸 15 分钟至熟即成。

 对宝宝的好处：
蛋黄和虾皮含有丰富的钙质，能保证骨骼健康。

土豆饼要煎得香软可口，不能煎出硬表面。

土豆饼

用料：
土豆 20 克
西蓝花 20 克
面粉 40 克
配方奶 50 毫升

做法：
①土豆去皮，切丝；西蓝花洗净，焯烫，切碎；土豆丝、西蓝花碎、面粉、配方奶放在一起搅匀。②将搅拌好的面粉糊倒入煎锅中，用油煎成饼。

 对宝宝的好处：
为宝宝补充体力，提高免疫力。

鸡蛋胡萝卜饼

用料：
胡萝卜半根
生鸡蛋黄1个
配方奶
全麦面粉
橄榄油

做法：
①胡萝卜洗净，切成细丝。②生鸡蛋黄打散调匀，加入配方奶和全麦面粉。③将胡萝卜丝加进鸡蛋面粉糊中搅拌均匀。④平底锅中放少量橄榄油，五成热后将蛋液面糊倒入，摊平煎熟即可。

 对宝宝的好处：
加强肠道的蠕动，能预防宝宝便秘。

煎饼时只需少放油，饼只需摊得薄一些，适合宝宝吃。

丸子面

用料：
宝宝面条50克
肉末50克
黄瓜20克
木耳3朵
葱花
水淀粉

做法：
①黄瓜洗净切片；木耳用水泡发后切碎。②将肉末按顺时针方向搅成泥状，加适量水淀粉，再挤成肉丸。③面条煮熟，捞出备用。④将肉丸、木耳、黄瓜片一起放入沸水中煮熟后，捞出放入面碗中，撒上葱花即可。

 对宝宝的好处：
促进宝宝健康成长，提高宝宝的免疫力。

还可以在肉馅中加入生蛋黄，做成的小丸子会更香。

排骨汤面

用料：
排骨50克
宝宝面条30克

做法：
①排骨洗净，入沸水锅中汆一下。②将排骨放入锅内，加适量水，大火煮开后，转小火炖2小时。③盛出排骨汤放入另一个锅中，加入面条煮熟即可。

 对宝宝的好处：
促进骨骼和牙齿的生长，改善宝宝的缺铁性贫血症状。

加几块洗干净的橘子皮，可除异味和油腻感，使排骨汤味道更鲜美。

这样 按摩，宝宝抵抗力强不生病

💗 增强宝宝抵抗力的按摩方法

有些宝宝每月都感冒两三次，吃药、打针、输液轮番上阵，刚好一点，停止用药后，又会反复，宝宝受罪，妈妈心疼，这是宝宝免疫力低造成的。除了加强锻炼、补充多种营养素之外，妈妈可以每天给宝宝按摩几分钟，通过神奇的经络来增强宝宝的抵抗力。

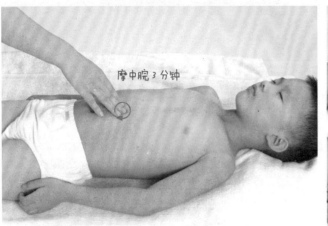

1. 用右手中间三指顺时针摩中脘 3 分钟。

2. 用右手掌根顺时针摩腹 3 分钟。

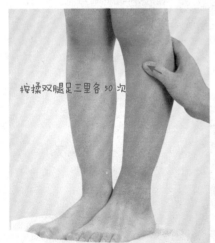

3. 用双手拇指螺纹面分别按揉左右足三里各 50 次。

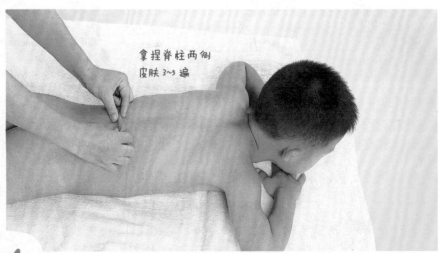

4. 小儿俯卧位，用双手拇指和食指、中指相对用力，自下向上拿捏脊柱两侧的皮肤 3~5 遍。

按摩调脾胃，宝宝不吃药的按摩经

　　宝宝脾胃不好，不仅会影响营养的消化、吸收，使宝宝面黄肌瘦、全身无力、终日无精打采，还会引起肠胃系统和呼吸系统疾病，少不了打针、吃药。如果妈妈平时多给宝宝做做保健按摩，就能轻松地调理宝宝的脾胃，让宝宝免受痛苦。

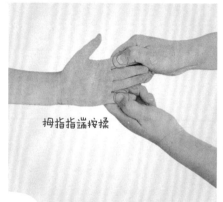

拇指指端按揉

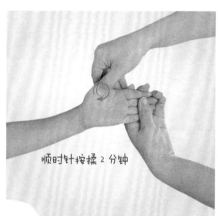

顺时针按揉 2 分钟

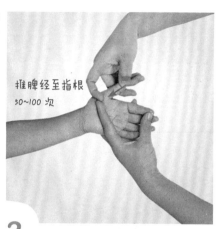

推脾经至指根
50~100 次

1. 左手握住宝宝的手指，用右手食指或拇指指端分别按揉四横纹，按揉 2 分钟。

2. 左手握住宝宝的手指，右手拇指按揉板门，顺时针、逆时针都可，按揉 2 分钟。

3. 用右手拇指直推宝宝脾经，从拇指指尖推向指根，推 50~100 次，单方向直推，不可来回推。

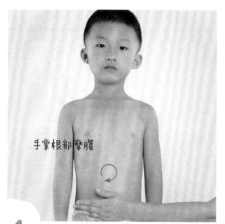

手掌根部摩腹

4. 宝宝取平卧位，用左手四指或手掌根部在宝宝腹部，以脐为中心，顺时针按摩。

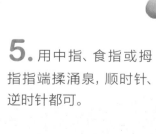

5. 用中指、食指或拇指指端揉涌泉，顺时针、逆时针都可。

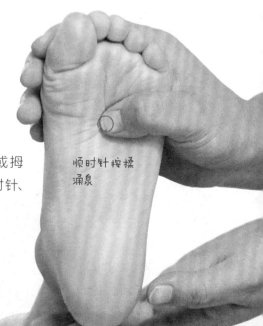

顺时针按揉
涌泉

第九章

12个月，海鲜肉蛋都来一点儿

蒸全蛋

用料：
鸡蛋1个
橄榄油

做法：
①鸡蛋打散，加少量温水和橄榄油调匀。②把蛋液用小火隔水蒸10~15分钟。

 对宝宝的好处：
可促进神经系统的发育，是宝宝的健脑食品。

宝宝出疹子时，最好不要吃鸡蛋。

三味蒸蛋 蛋白质 胡萝卜素 钙

用料:
鸡蛋 1 个
豆腐 50 克
胡萝卜半个
西红柿半个

做法:
①豆腐略煮，捞出压成碎末；西红柿、胡萝卜分别洗净榨汁；鸡蛋打散。②将西红柿汁、豆腐末、胡萝卜汁倒入蛋液碗中搅匀。③放入蒸锅内蒸 10~15 分钟即可。

对宝宝的好处:
促进宝宝骨骼和牙齿生长，是宝宝补钙的理想辅食。

西红柿、胡萝卜也可以煮熟压泥，与豆腐末、蛋液一起蒸。

鸡肉蛋卷 蛋白质 卵磷脂

用料:
鸡蛋 1 个
鸡肉 100 克
面粉
橄榄油

做法:
①鸡肉洗净，剁成泥。②将鸡蛋打到碗里，加适量面粉、水搅成面糊。③平底锅加油烧热，然后倒入面糊，用小火摊成薄饼。④将薄饼放在盘子里，加入鸡肉泥，卷成长条，上锅蒸熟即可。

对宝宝的好处:
增强体力、强壮身体，促进宝宝大脑神经系统与大脑发育。

妈妈可以在蛋卷里加点蔬菜，营养更全面。

鸡蓉豆腐球 钾 铜

用料:
鸡腿肉 30 克
豆腐 50 克
胡萝卜末

做法:
①将鸡腿肉、豆腐洗净剁成泥，然后与胡萝卜末混合搅拌均匀。②将鸡蓉豆腐泥捏成小球，放入沸水锅中蒸 20 分钟。

对宝宝的好处:
鸡肉不仅高蛋白低脂肪，而且易消化，能够让宝宝更强壮。

宝宝食用前，先用小勺将鸡蓉豆腐球分得小一点。

过敏的宝宝最好不要吃菠萝.

菠萝牛肉

用料:
牛肉 100 克
菠萝 1/4 个
橄榄油
干淀粉

做法:
①牛肉洗净切成小丁，加干淀粉抓匀，略腌 20 分钟；菠萝用淡盐水浸泡 20 分钟，洗净切成小丁。②起油锅，爆炒牛肉丁，再加菠萝丁翻炒至熟。

 对宝宝的好处:
促进消化，增加宝宝的食欲。

生藕做熟后能温补肠胃，适合肠胃娇弱的宝宝食用.

鸡肉炒藕丝

用料:
鸡肉 100 克
莲藕 1 节
红甜椒半个
黄甜椒半个
橄榄油

做法:
①将鸡肉、红甜椒、黄甜椒洗净切成丝；莲藕去皮，洗净切丝。②油锅烧热，放入红甜椒丝和黄甜椒丝，炒到有香味时，放入鸡肉丝。③炒到鸡肉丝收紧时加藕丝，炒透即可。

 对宝宝的好处:
补血补铁，防止宝宝缺铁性贫血。

把西蓝花摘成小朵，鼓励宝宝多嚼几次，更有利于营养吸收.

肉丁西蓝花

用料:
猪瘦肉 50 克
西蓝花 100 克
橄榄油

做法:
①猪瘦肉切丁；西蓝花洗净，掰成小朵，焯烫后捞出。②油锅五成热时放入肉丁，快炒熟时，下西蓝花炒熟即可。

 对宝宝的好处:
西蓝花食后极易消化吸收，适宜消化功能不强的宝宝食用。

芙蓉丝瓜

用料：
丝瓜 50 克
鸡蛋 1 个
水淀粉

做法：
①丝瓜去皮洗净，切小丁；鸡蛋取蛋清待用。②油锅烧热，入蛋清炒至凝固，倒入漏勺沥去油。③另起油锅炒丝瓜丁，加入炒熟的蛋清，炒匀，加水煮至丝瓜软烂，用水淀粉勾芡即可。

 对宝宝的好处：
有益于智力发育，还能滋润宝宝的皮肤。

丝瓜性凉，宝宝一次不宜吃太多。

五宝蔬菜

用料：
土豆半个
胡萝卜半个
荸荠 3 个
蘑菇 2 朵
木耳 3 朵
橄榄油

做法：
①木耳用水泡发，洗净；将土豆、荸荠洗净削皮，切成片；蘑菇、胡萝卜洗净切片。②锅内加油烧热，先炒胡萝卜片，再放入蘑菇片、土豆片、荸荠片、木耳翻炒，炒熟即可。

 对宝宝的好处：
营养均衡，促进宝宝的身体和大脑协同发育。

不爱吃饭的宝宝，一见这缤纷的菜，也会食欲大增。

迷你小肉饼

用料：
猪肉末 30 克
面粉 50 克
葱末
橄榄油

做法：
①将猪肉末、面粉、葱末加水搅拌均匀，呈糊状。②锅内放入油烧热后，将肉糊倒入煎锅内。③慢慢转动，制成小饼煎熟即可。

 对宝宝的好处：
为宝宝提供能量，促进身体发育。

肉饼中加入一些蔬菜末，可让肉饼的营养更均衡。

鲫鱼竹笋汤

用料：
鲫鱼 1 条
竹笋 100 克
蘑菇 5 朵
橄榄油

做法：
①将鲫鱼处理干净；竹笋去外壳，洗净，切片，焯水；蘑菇洗净，切成小片。②油锅烧热，放入鲫鱼，将鲫鱼两面略煎，加适量水，放入竹笋片和蘑菇片，大火烧开后转小火，30 分钟后起锅即可。

 对宝宝的好处：
冬季鲫鱼的味道尤其鲜美，特别适合宝宝进补。

鲫鱼刺多且小，宝宝只可喝鱼汤，不宜吃鱼肉，以免被卡到。

虾丸韭菜汤

用料：
鲜虾 200 克
鸡蛋 1 个
韭菜末
干淀粉
橄榄油

做法：
①鲜虾去头和壳，去虾线，洗净，剁成虾蓉；鸡蛋打开，将蛋黄和蛋清分开。②虾蓉中放蛋清、干淀粉，搅成糊状；将蛋黄放入油锅，摊成鸡蛋饼，切丝。③锅内放适量水，开锅后用小勺舀虾糊汆成虾丸，放蛋皮丝，再沸后，放韭菜末，略煮即可。

对宝宝的好处：
促进胃肠蠕动，防止宝宝便秘。

韭菜可促进胃肠蠕动，保持大便通畅，非常适合便秘宝宝食用。

淡菜瘦肉粥

用料：
淡菜 10 克
猪瘦肉 50 克
大米 50 克

做法：
①淡菜浸泡 1 小时；猪瘦肉切末；大米淘洗干净，浸泡 1 小时。②锅中加适量水煮沸，放入大米、淡菜、猪瘦肉末同煮，煮至粥熟后即可。

 对宝宝的好处：
保证宝宝大脑和身体活动的营养供给。

淡菜被称为"海中鸡蛋"，营养丰富，宝宝多吃会更聪明。

平菇二米粥

用料：
大米 30 克
小米 20 克
平菇 40 克

做法：
①平菇洗净，焯烫后切碎。②大米、小米分别淘净。③锅中加入冷水，放入大米、小米大火烧沸，改小火煮至八分熟，加入平菇拌匀，再煮 5 分钟。

 对宝宝的好处：
提高免疫功能，健胃除湿，增强宝宝的体质。

大米和小米搭配，粥的营养更全面。

什锦水果粥

用料：
苹果半个
香蕉半根
哈密瓜 1 小块
草莓 1 个
大米 50 克

做法：
①大米洗净，浸泡 1 小时；苹果洗净，去核，切丁；香蕉去皮，切丁；哈密瓜洗净，去皮，去瓤，切丁；草莓洗净，切丁。②大米加水煮成粥，熟时加入苹果丁、香蕉丁、哈密瓜丁、草莓丁稍煮即可。

 对宝宝的好处：
帮助宝宝消化，维持肠道正常功能。

要选择硬度适中的水果，硬度太大，宝宝咬不碎，不易消化。

岁大的宝宝才能
吃全蛋，妈妈要注
意给宝宝吃的量。

煎蛋饼

 蛋白质 碳水化合物 膳食纤维

用料：
鸡蛋 1 个
橄榄油

做法：
①鸡蛋打散。②油锅烧热，倒入蛋液，用小火慢慢地煎至两面金黄；关火后用刀切成小块，出锅即可。

 对宝宝的好处：
鸡蛋富含蛋白质，增强宝宝的免疫力。

如果宝宝正在
咳嗽，不宜在
鸡蛋里加鱼肉。

鱼蛋饼

 铁 钙 磷 维生素A

用料：
鱼肉 75 克
鸡蛋 1 个
洋葱
黄油
番茄酱

做法：
①洋葱切末；鱼肉煮熟研碎；黄油入锅烧化，上述食材一起同鸡蛋搅匀。②煎成小圆饼，出锅切成块，淋入番茄酱。

 对宝宝的好处：
补血补铁，防止宝宝缺铁性贫血。

发热咳喘的
宝宝不宜吃
核桃粉。

法式薄饼

 不饱和脂肪酸 锌 维生素E

用料：
面粉 50 克
鸡蛋 1 个
核桃粉
芝麻粉
葱花
橄榄油

做法：
①在面粉中加入鸡蛋液、葱花、核桃粉、芝麻粉，用水调成稀糊状。②在平底锅内擦些油，摊成又软又薄的饼。

 对宝宝的好处：
促进宝宝大脑组织细胞代谢，让宝宝更聪明。

肉松饭

用料:
米饭半碗
肉松
海苔

做法:
①肉松包入米饭中,将米饭揉搓成圆饭团。②海苔搓碎,撒在饭团上即可。

 对宝宝的好处:
海苔含铁较丰富,能预防宝宝贫血。

肉松可调味,让宝宝更有食欲,但一次不宜吃太多。

虾仁蛋炒饭

用料:
米饭半碗
鸡蛋1个
香菇2朵
虾仁5个
胡萝卜
葱花
橄榄油

做法:
①鸡蛋打散,加米饭搅匀。②胡萝卜洗净、切丁,焯熟;香菇洗净,切丁。③油锅烧热后倒入虾仁略炒,加米饭,翻炒至米粒松散,倒入胡萝卜丁、香菇丁、葱花,翻炒均匀即可。

 对宝宝的好处:
提供宝宝所需的营养、热量。

其中的配菜可以根据宝宝的喜好变换花样。

什锦烩饭

用料:
米饭半碗
香菇2朵
胡萝卜半根
虾仁2个
碎玉米粒
豌豆
橄榄油

做法:
①胡萝卜、香菇洗净,切成丁;虾仁、豌豆洗净,虾仁剁碎。②油锅烧热,倒入虾仁、碎玉米粒、豌豆、胡萝卜丁、香菇丁,炒熟。③加少量水,倒入米饭,翻炒片刻即可。

 对宝宝的好处:
提高宝宝身体免疫力,促进牙齿和骨骼的健康生长。

五色烩饭装进小熊形状的碗里,食材做嘴巴、眼睛、耳朵,宝宝吃得更欢。

睡前按摩，宝宝一觉睡到大天亮

睡前按摩，让宝宝睡得更香

睡眠直接影响宝宝的生长发育，晚上睡得好，宝宝白天就会精力充沛，玩得好，吃得好。反之，就会影响宝宝的生长发育。此外，宝宝睡眠质量高，身高也会随之增长。睡前进行 5 分钟按摩，可为宝宝打造黄金睡眠。

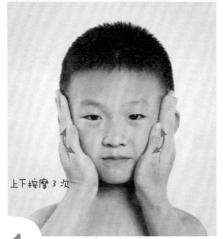

1. 双手上下搓热，将掌心贴于宝宝脸上，上下按摩 3 次。

2. 用十指指头从前发际插入宝宝头发中，向后梳理至后发际 3 次。

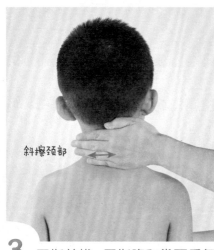

3. 四指并拢，用指腹和掌面反复斜擦颈部 3 遍，双手交替进行。

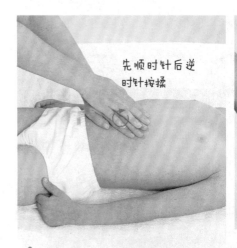

4. 双手交叠，以肚脐为中心，用手掌心顺时针按揉 3 周，再逆时针按揉 3 周。

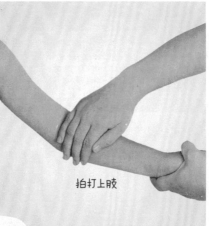

5. 用虚掌，平稳而有节奏地拍打四肢。从肩至手指，从腿至脚腕各拍 3 次。

🐻 推五指加捏脊，让宝宝吃好睡好身体棒

从宝宝出生伊始，就轻轻地从5根小手指开始给他做按摩，每天几分钟，你的宝宝就不会得同龄孩子的常见病。等宝宝大一点，按摩手指的同时还可给宝宝捏脊，捏脊法用于宝宝的日常保健是再合适不过的了，保证让你的宝宝吃得饱，睡得香，身体倍儿棒！

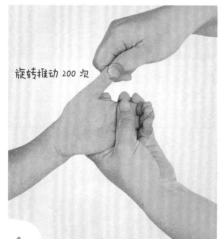

1. 在宝宝的拇指指面顺时针旋转推动200次。

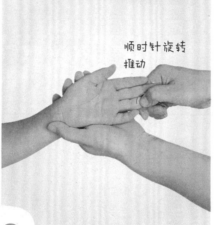

2. 在宝宝的无名指指面顺时针旋转推动200次。

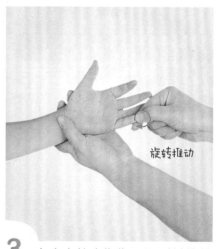

3. 在宝宝的小指指面顺时针旋转推动200次。

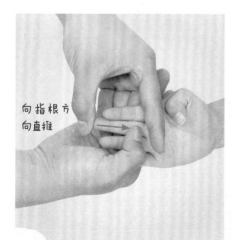

4. 用拇指螺纹面在宝宝中指末节螺纹面向指根方向直推100次。

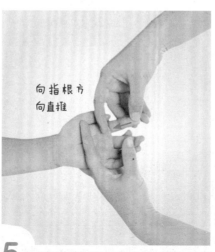

5. 用拇指螺纹面在宝宝食指末节螺纹面向指根方向直推100次。

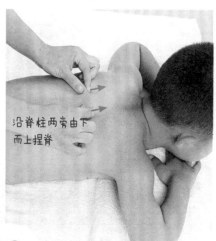

6. 双手沿脊柱两旁，由下而上连续地以拇指、食指捏拿。

PART 2

1岁以后：
妈妈是宝宝的私人营养师

第一章
必须知道的宝宝喂养知识

断了母乳的宝宝，配方奶不能断

大多数1岁左右的宝宝已经断母乳了，但断母乳不等于断乳。虽然1岁后的宝宝已告别乳儿期，但乳类仍是宝宝每天应该摄入的重要食物种类。科学合理的幼儿配方奶粉可延续母乳的好处，继续为宝宝提供丰富的营养。

1岁以后的宝宝，每天应喝300~500毫升的配方奶。除此以外，还需要给宝宝提供新鲜美味的饭菜，让宝宝获取足够的营养。一般情况下，每日应为宝宝安排3次正餐，另外根据宝宝的具体情况安排2~3次加餐。

3岁前，妈妈要一直坚持给宝宝喝配方奶；3岁之后，可以将配方奶换成牛奶。宝宝睡前喝奶，一定要注意清洁口腔，防止龋齿。另外，这个阶段的宝宝可以开始尝试用杯子喝奶。

不要把别人家孩子的进食量当作标准

宝宝1岁之后，饮食有较明显的变化，个体差异也越来越明显，有的食量大，有的食量小，这是因为每个宝宝的自身需要不同。所以，妈妈们千万不要把别人家孩子的进食量当作进食标准，要尊重宝宝的个体差异。

对于食量小的宝宝，很多妈妈会担心宝宝的营养跟不上，影响生长发育。一般情况下，宝宝的食量会根据年龄的增长渐渐增加，只要宝宝有食欲、不挑食、体格发育正常，就不要过于担心。当宝宝某顿饭吃得少时，不用"威逼利诱"地强迫他吃，等宝宝饿了，下一顿自然会多吃一些。

无论宝宝食量大小，妈妈都必须保证他能摄取丰富的营养，尤其注重蛋白质的摄取，合理安排膳食，让宝宝茁壮成长。

再爱吃也不能多吃，小心宝宝"吃伤了"

爱吃的东西要适量地吃，否则再好的食物也会有害健康。特别对食欲好的宝宝，妈妈一定要有所限制，否则宝宝容易出现胃肠道疾病，或者因为一次"吃伤了"，从此就拒绝这种食物。

每顿饭给宝宝的食物品种要多一些、量则少一些，能够保证营养均衡且各种食物都不过量。宝宝爱吃的食物，可以稍微多吃一些，但一定要控制好量，防止宝宝暴食。即使是水果，也不能由着宝宝的喜好大吃特吃，因为水果多富含果酸，而过多摄入果酸会伤害宝宝的肠胃。

最后，妈妈别忘了提醒宝宝细嚼慢咽，这样营养才能更好地被身体吸收，而且也能及时产生饱腹感，防止宝宝吃过量。

水果代替不了蔬菜，蔬菜也代替不了水果

蔬菜不如水果那么香甜可口，因此很多宝宝都钟爱水果，不爱吃蔬菜。对于不爱吃蔬菜的宝宝，很多妈妈会让宝宝多吃些水果来代替蔬菜。尽管蔬菜和水果在营养成分和健康效应方面较为相似，但多数蔬菜，特别是深色蔬菜的维生素、矿物质、膳食纤维的含量高于水果，是水果无法替代的。因此，妈妈应培养宝宝养成吃蔬菜的习惯，特别是黄绿色蔬菜。

水果也能补充蔬菜摄入的不足。水果中的碳水化合物、有机酸和芳香物质比蔬菜多，且生吃方便，营养成分保存得更好，是蔬菜所不能代替的。所以，在两餐之间给宝宝添加水果也是非常必要的。

食物影响宝宝的情绪，根据情绪调饮食

研究发现，除了给人提供能量、带来美好感受之外，食物和人的情绪也有一定的关系。在日常饮食中，妈妈可以选择能够改善不良情绪的饮食，帮助宝宝转换和控制坏情绪。

如果家里有性情急躁、易怒的宝宝，妈妈可以检查一下宝宝餐单中是否缺少钙质。饮食中的钙有抑制脑神经兴奋的作用，而缺钙会让宝宝情绪不安，容易被激怒。另外，甜品吃得过多，也会让宝宝情绪不稳。

有的宝宝很胆小，在陌生环境中会特别紧张。事实上，当人体在承受压力时会消耗比平时多的维生素和矿物质，如果妈妈注意平时在饮食中添加富含维生素和矿物质的食物，就可能缓解宝宝的紧张情绪。例如，多吃富含钾的香蕉、维生素 C 丰富的柑橘类水果或者富含多种矿物质的小米等等。

宝宝胃口不好？教你几招！

如果宝宝经常胃口不好，妈妈要细心观察，排除器质性病变后，可用下列几招来给宝宝开胃。

首先，妈妈可以尝试把食物做成宝宝喜欢的造型，例如，给喜欢动物的宝宝做一个小熊形状的饭团，用模具将枣泥做成可爱的心形，或者是在圣诞节给宝宝制作一个树桩蛋糕，这样一定能够引起宝宝的兴趣和食欲，让宝宝带着愉快心情用餐。

其次，妈妈可以开动脑筋给宝宝编些关于食物的故事，引起宝宝对食物的兴趣，让宝宝觉得把食物吃掉是一件有趣的事情。

最后，在三餐及正常加餐之外，父母不要随便给宝宝吃零食，特别是高油高糖的垃圾食品，防止宝宝不当饮食造成肠胃功能紊乱，影响正常食欲。

盐油味精，宝宝要怎么吃才安全？

1岁以后的宝宝餐里可以少量加盐，既改善菜肴的口味，也对健康有益。但是，宝宝餐里的盐一定要尽量少放，如果宝宝摄入太多的盐分，会养成重口味的不良习惯，而且成年后易患高血压。所以，为宝宝做饭时要严格控制盐分，最好把正餐做成淡淡的味道，让宝宝从婴幼儿时期就养成清淡的口味。

植物油中含有少量脂溶性维生素，如维生素E、维生素K和胡萝卜素等，所以，烹饪宝宝餐时可以适量加入植物油。植物油种类很多，包括大豆油、花生油、菜籽油、橄榄油、芝麻油等等，每种油的脂肪酸构成不同，营养特点也不同。

而对于一些口味较重的调味料，比如味精、沙茶酱、辣椒酱等，不但容易加重宝宝的肾脏负担，而且其中含有的化学成分会影响智力发育，所以最好不要给宝宝食用。

宝宝不爱喝水，妈妈有办法

首先，如果宝宝拒绝喝水，一定不要过分强迫他，以免引起他对喝水的反感。可以换一种方法，例如给宝宝一只可爱的小鸭子学饮杯，提高宝宝喝水的兴趣；或者和宝宝玩个游戏，看谁喝水多，妈妈喝一口，宝宝喝一口，慢慢宝宝就会爱上喝水的。

喂水的时间也很重要，可以选择宝宝刚睡醒时喂点水。因为宝宝想要睡觉或者刚起床时，迷迷糊糊，对什么都不会太抗拒，这个时候喂宝宝喝水，比较容易喂下去。宝宝很容易形成习惯，经过一段时间，他自然就会愿意喝水。

如果宝宝对喝水特别拒绝，可以给宝宝喂一点果水或菜水，来给宝宝补充水分。在每餐中都为宝宝制作一份宝宝喜欢的汤羹，既补充了水分，也保证了营养。

家有"小胖墩"，怎样喂养更科学

有研究表明，婴儿期肥胖很容易导致成年后肥胖，因此预防肥胖，要从宝宝做起。如果家里有个"小胖墩"，妈妈一定要注意科学的喂养方式，防止把宝宝越喂越胖。

宝宝肥胖，最常见的原因是甜食吃得太多。饼干、蛋糕、奶油、巧克力等含糖量都很高，身体将多余的糖分自动转化为脂肪，就表现为发胖。因此，妈妈首先要给"小胖墩"限制甜食。

其次，活泼好动的宝宝能量消耗较大，可以适当吃些点心来补充体力。但对于"小胖墩"们，尽量不要再吃点心了，可以用适量水果来代替。

宝宝身体不舒服时的饮食要点

宝宝身体不舒服时，妈妈需要注意以下三个饮食要点：

1 **宝宝生病会没有食欲。**此时不要勉强宝宝吃东西，但是一定不能忘记给宝宝补充水分，尤其是发热、呕吐、腹泻等易产生水分和电解质流失的症状，一定要给予充足的水分。

2 **给有食欲的宝宝吃易消化吸收的食物。**宝宝不舒服了，但还愿意吃东西，妈妈的烹调口味要清淡，一点点给孩子喂食。尤其在宝宝出现呕吐、腹泻的症状时，妈妈要慎重喂食一些易消化吸收的食物，例如白粥、面条，直到症状消失。

3 **不舒服症状消失后回归普通食谱。**长期的限制喂食可能会使宝宝营养不足，因此均衡营养才能促进宝宝身体的康复。在医生的指导下，渐渐恢复宝宝的正常饮食。

健康零食是宝宝成长中的好朋友

零食是指正餐以外的一切小吃，是宝宝喜欢吃的小食品，如小饼干、蛋糕、水果等。多数医生和儿童保健专家认为，适当的零食是必要的。因为宝宝胃容量小，而新陈代谢旺盛，每餐进食后很快被消化，所以要适当补充一些零食。但是，给宝宝吃零食也有讲究。

选择口味淡的零食。砂糖、盐、油脂含量多的大人零食一般不要给宝宝食用。一旦宝宝习惯了浓重的口味，就很难再接受淡口味的食物了，而且，重口味零食易给宝宝的肾脏造成负担。

选择可以锻炼宝宝咀嚼能力的食物。需要充分咀嚼的食物会对宝宝牙齿成长有好处，细细咀嚼，也会增加进食的满足感。

寻找代替米饭的主食物。对于饭量小的宝宝，妈妈要选择能够补充不足营养元素的食物。一个好方法就是在每日三餐之间加入面包，来增进孩子的食欲。

必须牢记的宝宝饮食安全小贴士

对于市面上一些添加较多油脂、砂糖、盐甚至添加剂的食品或饮料，经常食用会危害健康，例如糖果、薯条、蛋糕，应该限制宝宝食用。

有些食物在食用过程中特别容易引起危险，例如果冻，所以必须禁止宝宝食用。对于1~3岁的宝宝，整个的坚果需要碾碎了才能食用；有小核的水果，例如樱桃、橘子、葡萄，最好剥开去核之后再喂给宝宝。

有些妈妈在宝宝刚满1岁后就喂食生鱼片，这是很危险的。生食不仅容易被细菌感染，而且可能引起食物中毒。

另外，宝宝用餐或吃零食的时候，爸爸妈妈千万不要逗笑或训斥宝宝，防止食物被呛到气管里，引起危险。

第二章
养成良好饮食习惯很重要

🥄 必须纠正的坏习惯：边吃边玩，追着跑着

很多妈妈表示一到饭点就头疼：宝宝不好好吃饭，总是边吃边玩，妈妈则紧追在后面喂。这种坏习惯必须及时纠正。

首先，一定要让宝宝坐在一个固定的位置吃饭，不能让他离开座位。一旦宝宝离开座位，妈妈不要用玩具、电视逗引，也不要边追边喂。让宝宝饿一点，下一顿自然会吃得很好。

🥄 宝宝不爱吃饭，最好的开胃药是饥饿

宝宝吃得多，才能长得好，不爱吃饭的宝宝真是愁坏了父母。少量多次喂养、给宝宝玩手机、给予物质奖励，这些办法既不能解决根本问题，还会给宝宝的健康带来隐患。

其实，宝宝对吃饭兴致不足时，不妨适当"饿一饿"，等宝宝饥饿的时候自然会好好吃，并逐渐养成正常进食的规律和习惯。

一开始，让宝宝坐在自己的位置上吃饭，也许宝宝吃一会儿就开始坐不住，妈妈此时不要强迫喂食。当然，宝宝没吃饱，很可能没到下一餐就开始饿了。此时，妈妈应想办法分散宝宝注意力，带他出去玩，或给他喝点水，但千万不要给他吃东西。等到下次饭点，饿了许久的宝宝自然会好好吃饭了。

饥饿是宝宝最好的开胃药，吃饭的欲望会让宝宝懂得吃饭的意义。只有宝宝懂得吃饭的意义，才会真正爱上吃饭。

🥄 挑食，不是宝宝的错

宝宝挑食，妈妈可不要对宝宝生气；挑食看起来是宝宝的原因，但其实与父母的喂养行为息息相关。

首先，在宝宝需要添加辅食的月龄，妈妈要及时添加合适的食物品种，让宝宝熟悉各种味道。一旦错过了饮食的敏感期，宝宝就很难接受新味道。

其次，父母若是挑食，在餐桌上表现出对某种食物的厌恶，宝宝也会模仿。所以，父母一定要做好示范作用，先用对宝宝的要求来要求自己。

另外，微量元素缺乏、维生素缺乏或过量、患局部或全身疾病及环境心理因素也可能造成宝宝偏食、挑食。例如，两三岁的宝宝，也许会有阶段性的"食物恐惧症"，某些食物的颜色、形状或口味可能引起令他不舒服的联想或感受，从而导致宝宝讨厌这类食物。

所以，宝宝挑食事出有因，妈妈需对症下药，耐心引导宝宝接受多样的食物。

引导"无肉不欢"的宝宝爱上蔬菜

肉类味道鲜美，很多宝宝在尝过肉味之后就开始"嫌弃"蔬菜的寡淡。可是，任何一种食物都不能满足人体对所有营养的需要，想要宝宝健康，妈妈必须学会引导宝宝爱上蔬菜。

首先，妈妈应注意改善蔬菜的烹调方法，同时注意色香味形的搭配，增进宝宝食欲。例如，把蔬菜做成馅，包在包子、饺子或馄饨里给宝宝吃，宝宝会更容易接受。

其次，父母要为宝宝做榜样，在餐桌上带头多吃蔬菜，并表现出津津有味的样子。千万不能在宝宝面前议论自己不爱吃什么菜、什么菜不好吃之类的话题，以免对宝宝产生误导。

最后，在平时生活中，妈妈可以有意识地通过讲故事的形式让宝宝懂得吃蔬菜的好处；还可以带宝宝逛逛菜市场和超市，教宝宝认识多种多样的蔬菜，让宝宝对蔬菜产生兴趣。

帮喜欢"含饭"的宝宝找个小伙伴

有的宝宝吃饭时爱把饭菜含在口中，不嚼也不咽，俗称"含饭"。宝宝"含饭"的原因大多是父母没有让其从小养成良好的饮食习惯，不按时添加辅食，导致宝宝没有机会训练咀嚼所引起的。

这样的宝宝常因吃饭过慢过少，得不到足够的营养素，营养状况差，甚至出现某种营养素缺乏的症状，导致生长发育迟缓。

对于"含饭"的宝宝，妈妈只能耐心地教，慢慢训练，绝不可以大声呵斥，让宝宝对吃饭产生厌恶和抗拒。妈妈可给这样的宝宝找一个小伙伴一起进餐，让他模仿其他小朋友的咀嚼动作，慢慢进行矫正。另外，妈妈也可以在喂宝宝吃饭的时候嚼嚼口香糖，妈妈的咀嚼动作也能促发宝宝的模仿，让宝宝更快地学会咀嚼。

给吃饭慢的宝宝限制吃饭时间

3岁以上的宝宝几乎可以吃餐桌上大部分的饭菜，但大多数宝宝都不能从头到尾乖乖吃完碗里的饭。可能大人都已经吃完饭了，宝宝才吃了一点点，结果一顿饭经常能吃1个小时。

宝宝吃饭太慢，时间太长，会造成消化功能紊乱，影响宝宝的加餐甚至下一顿饭的食欲，而且饭菜频繁加热也不利于健康。所以，妈妈必须给吃饭慢的宝宝限制吃饭时间。

饭前，妈妈要提前告诉宝宝："吃饭的时间是半个小时。"吃饭的时候，宝宝如果依然不专心吃饭，也不用过多提醒。半个小时一到，即使宝宝没有吃完，妈妈也要收拾餐具，并告诉宝宝："吃饭的时间已经过了，如果没有吃饱，只能等下一顿。"这样坚持几次，宝宝就会知道要在规定的时间内吃饱饭。

妈妈千万不要因为担心宝宝挨饿而中途放弃，或者饭后给宝宝补充零食，这样只会前功尽弃。要知道，一两顿没有吃饱并不会对宝宝的身体带来伤害，不正确的饮食习惯则会给宝宝一生的健康带来影响。

不同颜色、造型、图案的餐碗，往往能激发宝宝的食欲，可以变换着用。

🐻 坐上专用餐椅，和大人一起围桌用餐

从辅食添加的初期开始，就应该给宝宝准备好必要的座椅和餐具，让宝宝一坐上餐椅、看到面前的小碗和小勺就条件反射产生吃饭的欲望。

最好给宝宝用专门的儿童座椅，专用儿童座椅会有特别的安全设备，可防止宝宝从椅子上翻爬出来或滑落到地上。注意座椅要与饭桌同高，让宝宝能看到桌上的饭菜，能看着大家吃饭，这样宝宝会更有食欲，而且有模有样地模仿大人吃饭的动作。

给宝宝的餐具要选用安全、无毒、无刺激的，勺子的口径和深度要根据宝宝的情况选择最适口的。需要注意的是，千万不要给宝宝筷子之类的细长硬物，以确保安全。

🐻 宝宝都是"外貌协会"的，餐具要美美的

宝宝都是"外貌协会"的，颜色鲜亮或形状可爱的餐具更能引起宝宝的兴趣。试想，给女宝宝买一个粉色的 HELLO KITTY 小碗，她该多么喜欢用它来吃饭啊！

所以，妈妈不妨带宝宝去超市的时候逛一下餐具区，给宝宝买一些漂亮的碗盘和小勺，变换着使用，或者干脆让宝宝自己来选购餐具，这样更能吸引他的注意力和刺激他自己动手进餐的欲望。此时，妈妈一定要注意选购正规品牌的儿童餐具。

另外，餐具只能允许宝宝在进餐的时候使用，一旦吃完饭妈妈就要立刻从宝宝手中收走。一方面防止宝宝误伤自己，另一方面避免给他一个可以边吃边玩的错误信息。

🐻 宝宝的饭食并不是越精细越好

宝宝的饭食并不是越精细越好。有些妈妈给宝宝吃的东西过于精细，担心燕麦、豆子、芹菜等颗粒大、纤维粗一些的食物会把宝宝噎着。实际上，粗细搭配才是良好的饮食习惯，粗纤维的食物不仅促进肠胃健康，还能锻炼宝宝的咀嚼能力。

最初给宝宝添加粗纤维食物，可以打成汁或糊，总之一定要弄烂，防止噎到宝宝。随着宝宝月龄增长，可以尝试将这类食物与其他食物混合在一起添加。例如，给宝宝做面条、馒头、各种饼时可以加一点粗粮面粉，比如荞麦粉、玉米粉；煮燕麦粥的时候加一些牛奶，再搭配一些孩子爱吃的坚果或水果；粗纤维的蔬菜，如芹菜、青菜可以剁碎和肉末做成丸子。只要妈妈用心，宝宝一定会渐渐适应并喜欢上这些粗粮和蔬菜。

宝宝吃饭吃得一塌糊涂，还是让他自己来

到1岁左右，很多宝宝就可以自己用手摇摇晃晃地把饭送进嘴里。可是由于不熟练，宝宝常常把饭吃得满身都是，有时桌上地上一片狼藉。这时，妈妈千万不要以"吃饭吃得一塌糊涂"来责备宝宝，也不能因此夺走宝宝自己吃饭的"自主权"，这对宝宝生活能力的培养和自尊心的建立有极大的伤害。

妈妈可以试着这样帮助宝宝：妈妈先让宝宝拿着勺，然后用另一把勺帮助把饭放在宝宝的勺子上，让宝宝自己把饭送入口中。在宝宝自己吃饭的间隙，妈妈也同时用自己的勺给宝宝喂饭。渐渐地，宝宝的动作会越来越灵活，就可以以自己吃为主了。

别让零食影响了宝宝的正餐

健康的零食能够为宝宝补充能量、增加营养，例如酸奶、水果、坚果等。这些零食可以常吃，但是要注意方式方法，不能影响了宝宝的正餐。

首先，零食不要安排得离正餐太近。零食最好安排在两餐之间，如上午9:30到10:00之间，午睡后、晚餐前2小时。

其次，吃零食要讲究少量和适度的原则。在食用量上零食不能超过正餐，而且吃零食的前提是宝宝感到饥饿的时候。

最后，吃零食一天不超过3次。次数过多的话，即使每次吃得不多，也会积少成多，渐渐地，宝宝还会养成"嗜吃"零食的坏习惯，对正餐失去兴趣。

三妙招，让宝宝不再"吃独食"

有些两三岁的宝宝喜欢独占食物，特别是自己喜欢的，都不愿意让别人碰。出现"独占"意识是宝宝自我意识建立的重要标志，此时妈妈要正确对待。下面三个小妙招，让宝宝不再"吃独食"。

首先，给宝宝买了零食回家，千万不要说："宝宝，我给你买好吃的了。"这个"给你买"的概念一旦形成，买来的东西在宝宝看来就是专属自己的了。

其次，爸爸妈妈可在日常生活中给宝宝做良好的分享示范，把食物与家人、朋友进行分享，正确示范的同时建立宝宝分享的意识。

最后，进餐时，鼓励宝宝将他喜欢的食物盛给长辈，长辈要向宝宝表示感谢，父母也要对宝宝及时给予肯定和赞赏。宝宝获得肯定，会喜欢上分享。

亲子游戏 开启宝宝聪慧大脑

🐾 1岁~1岁3个月 宝宝学投篮

游戏步骤：❶准备塑料筐1个，小球若干。将塑料筐放在宝宝面前适当距离。❷妈妈拿起一个小球，直接丢进塑料筐里，为宝宝做示范。❸妈妈递给宝宝一个小球，让宝宝把小球扔进筐子。❹妈妈拿起塑料筐，小幅度移动，并告诉宝宝这是"移动篮球筐"，让宝宝把球投进去。

对宝宝的益处：这个游戏能锻炼宝宝视觉和动作的协调性，提高宝宝手部运动的准确性，有助于宝宝的运动智能和空间智能的提高。

🐾 1岁4个月~1岁6个月 画个红太阳

游戏步骤：❶妈妈准备好水彩笔和白纸、太阳挂图，让宝宝说出太阳的形状和颜色。❷妈妈拿水彩笔在白纸上画一个圆，鼓励宝宝拿起笔来像妈妈这样做。❸妈妈可先握住宝宝的小手在纸上画圈，再让宝宝自己画。妈妈帮助宝宝完成太阳图画，并把太阳涂上鲜艳的红色。

对宝宝的益处：通过图画，宝宝可以感受到线条、色彩和形状的变化，还可以让宝宝体会美、欣赏美，提高审美水平。

画什么不重要，重要的是让宝宝在画的过程中能直观感受线条、形状、颜色的变化。

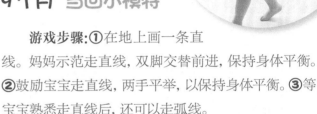

🐾 1岁7个月~1岁9个月 当回小模特

游戏步骤：❶在地上画一条直线。妈妈示范走直线，双脚交替前进，保持身体平衡。❷鼓励宝宝走直线，两手平举，以保持身体平衡。❸等宝宝熟悉走直线后，还可以走弧线。

对宝宝的益处：学习双脚前后交替相接前进，可以有效地提高宝宝的行走技能，感受行走带来的乐趣，增强独立行走的信心。

🐾 1岁10个月~2岁 火车进山洞

游戏步骤：❶妈妈给宝宝穿裤子。先穿一条裤腿，说："火车进山洞啦。"❷再穿另一条裤腿，说："哎呀呀，我迟到啦。"❸也可以把两条腿穿进一条裤腿中，说："哎呀呀，撞车啦。"再抽回一条腿，穿进另一条裤腿中。

对宝宝的益处：通过游戏的方式，让宝宝学会穿裤子，既可锻炼宝宝四肢的灵活性和整体动作的协调性，又能提高宝宝的生活自理能力。

🐻 2岁~2岁3个月 猜猜我是谁

游戏步骤：

①妈妈：汪汪汪，宝宝在家吗？猜猜我是谁？

宝宝：你是狗狗。

妈妈：你真聪明，我们做个好朋友吧。

②妈妈：宝宝，听听我是谁？喵——喵——

宝宝：你是小猫。

妈妈：猜对啦，我们做个好朋友吧。

③嘎嘎嘎，我又是谁呀？

宝宝：你是小鸭子。

妈妈：宝宝真棒，我们做个好朋友吧。

对宝宝的益处：认识动物和它们的叫声可以帮助宝宝增加对这些动物的认识，模仿动物的叫声可以锻炼宝宝的发音能力。

🐻 2岁4个月~2岁6个月 看图说话

游戏步骤：①妈妈拿一本图画书和宝宝一起看，然后问宝宝："图上画的是什么呀？它们有什么用呢？"②妈妈启发宝宝用自己的话说出一个句子来，宝宝说的话不够完整时，妈妈可以接着引导，使宝宝把话说得完整。

对宝宝的益处：提问能够触发宝宝的联想和思考，妈妈的引导和鼓励能让宝宝更流畅、更准确地说出完整、生动的句子。

🐻 2岁7个月~2岁9个月 又准又快找图片

游戏步骤：①准备小熊、小狗、小兔的图片各一张。妈妈把三张图片放在桌上，要求宝宝记住这几张动物图片。②宝宝闭上眼睛，妈妈悄悄拿走一张，再让宝宝睁开眼睛看看少了哪一张。③还可以先让宝宝看三张图片，然后将三张图片倒扣在桌上，问宝宝它们对应的位置。妈妈问："小熊在哪儿？"让宝宝凭记忆找出小熊藏在哪儿。互换角色，让宝宝藏，妈妈猜。

对宝宝的益处：2岁多的宝宝已经能用行动表现出初步的回忆能力，这个游戏可以进一步发展宝宝的记忆力。宝宝学习妈妈的语言来指导妈妈猜图片，也锻炼了宝宝的语言表达能力。

🐻 2岁10个月~3岁 折只小猫咪

游戏步骤：①将正方形的纸对角折成三角形。②将两边的锐角向下折成猫耳朵。把下面的角往上折。③把折好的纸反过来，用笔画上眼睛、鼻子、嘴，就是一只可爱的小猫咪了。

对宝宝的益处：手的精细动作发展有助于宝宝智力的发展。

第三章

1~2岁，断奶后的过渡饮食

香橙烩蔬菜

用料：
橙汁 100 毫升
青菜 30 克
香菇 2 朵
金针菇 20 克
高汤

做法：
①青菜择洗干净，切小段；香菇、金针菇洗净，切成丁，焯熟。②油锅烧热，将青菜、香菇丁、金针菇丁放入炒一下，加入高汤稍煮，倒入橙汁即可。

 对宝宝的好处：

能增强宝宝免疫力，还能补充膳食纤维，帮助宝宝排便。

也可以用富含膳食纤维的芹菜代替青菜。

绿豆芽烩三丝

用料:
猪瘦肉 25 克
绿豆芽 50 克
甜椒 20 克
胡萝卜 10 克

做法:
①猪瘦肉、胡萝卜和甜椒均洗净切成丝;绿豆芽洗净。②油锅烧热,先将瘦肉丝炒至半熟,再将绿豆芽、胡萝卜丝和甜椒丝一起下锅,炒熟即可。

 对宝宝的好处:
为宝宝大脑发育提供丰富的营养。

炒绿豆芽时加入一点醋,可以防止维生素B₁流失。

彩色豆腐

用料:
嫩豆腐 60 克
肉末 30 克
鸡蛋 1 个
葱花
盐
水淀粉

做法:
①将嫩豆腐切成小块,在开水里烫一下。②肉末用少许油炒熟。③鸡蛋打散后,上锅蒸熟,切成小块。④锅内放水,煮开后把豆腐块、肉末、鸡蛋块放入锅内,用水淀粉勾芡,然后加入盐、葱花即可。

 对宝宝的好处:
可以提高宝宝的记忆力和注意力。

豆腐要切小块,喂食的时候也要慢慢喂,防止噎着宝宝。

双色鱼丸

用料:
鱼肉 60 克
胡萝卜 10 克
葱末
姜末
水淀粉
香油

做法:
①将鱼肉去刺,捣成泥,加水淀粉搅匀;将胡萝卜洗净,切丁。②将鱼肉泥挤成丸子,放入热水锅中,煮熟、捞出。③锅内倒油,油热后放入葱姜末,再放入胡萝卜略炒,加入高汤,放入鱼丸,淋上香油即可。

 对宝宝的好处:
增进食欲,预防营养不良。

两种颜色相搭配,赏心悦目,宝宝会很喜欢。

滑子菇炖肉丸

 蛋白质 脂肪 碳水化合物

用料：

滑子菇 100 克
肉馅 100 克
胡萝卜 10 克
盐
淀粉
高汤

做法：

①滑子菇洗净；胡萝卜洗净，切片；肉馅加盐、淀粉按顺时针搅拌均匀，做成肉丸子。②锅中加入高汤，烧沸后下肉丸，小火煮开，再放入滑子菇、胡萝卜片，煮熟调入盐即可。

 对宝宝的好处：

提供充足热量，让宝宝更有活力。

可以将滑子菇换成香菇、蘑菇，味道一样鲜美。

菠萝鸡丁

 维生素C 钙 磷

用料：

鸡腿肉 50 克
菠萝 30 克
白糖
水淀粉

做法：

①鸡腿肉洗净，拍松，切成丁，用水淀粉、白糖腌透；菠萝用盐水泡后切成小丁。②油锅烧热，将鸡腿肉丁稍微过油后立即捞出。③另起油锅，放入菠萝丁炒香，倒入鸡丁炒熟。

 对宝宝的好处：

酸甜味，促进宝宝消化吸收。

菠萝要用盐水泡20分钟，防止过敏反应。

冬瓜肝泥卷

用料:
猪肝 30 克
冬瓜 50 克
馄饨皮
盐
姜片
葱段

做法:
①冬瓜去皮、瓤,洗净后切成末;猪肝洗净后,用葱段、姜片加水煮熟,剁成泥。
②将冬瓜末和猪肝泥混合,加盐搅拌做成馅,用馄饨皮包好,上锅蒸熟即可。

 对宝宝的好处:
补铁补血,宝宝常吃还有抗流感病毒的作用。

吃冬瓜肝泥卷不宜蘸醋,以免降低营养价值.

木耳炒鸡蛋

用料:
鸡蛋 1 个
西红柿 1 个
蒜苗
木耳
盐

做法:
①西红柿切块;木耳泡发,切丝;蒜苗洗净切段。②鸡蛋打散。③油锅烧热,倒入鸡蛋液炒块,盛出。④油锅烧热,加蒜苗炒匀,再加木耳、西红柿,翻炒熟时加入鸡蛋块,再加适量盐调味。

 对宝宝的好处:
健脑益智,让宝宝更聪明。

容易腹泻的宝宝应慎食木耳.

水果沙拉

用料:
苹果 50 克
橙子 20 克
酸奶 40 克
葡萄干

做法:
①苹果洗净,去皮、去核,切成小丁;葡萄干泡软;橙子去皮和子,切成小丁。
②用酸奶将各种水果原料拌匀即成。

 对宝宝的好处:
酸奶经发酵后产生的乳酸,可有效地提高钙、磷在人体中的利用率,易于宝宝吸收。

橙子吃多了容易发虚热,口干咽燥的宝宝不宜多吃.

猪肝是解毒器官，且经过油炸，不宜给宝宝多吃。

芝麻肝

用料：
猪肝 50 克
鸡蛋 1 个
芝麻 20 克
面粉
盐

做法：
①猪肝洗净，切薄片，用盐腌好，裹上面粉，蘸蛋液和芝麻。②油锅烧热，放入猪肝，煎透出锅即可。

对宝宝的好处：
猪肝与芝麻搭配食用补铁效果更好，可使宝宝气色红润。

茄子皮比较难嚼，所以要去掉。

肉末茄子

用料：
猪瘦肉 20 克
茄子 50 克
葱末
姜末
盐

做法：
①猪瘦肉洗净，剁碎末；茄子洗净削皮，切小丁。②油锅烧热，投入葱末、姜末炝锅，下肉末煸炒，肉末变色后把茄丁放入一同炒，同烧至入味即可。

对宝宝的好处：
使宝宝不贫血，体力更充沛。

患感冒的宝宝不宜食用鸭肉。

滑炒鸭丝

用料：
鸭脯肉 80 克
鲜笋 30 克
盐
蛋清
水淀粉

做法：
①鸭脯肉洗净，切成丝，加入盐、蛋清、水淀粉搅匀；鲜笋洗净，切丝焯水。②油锅烧热，将鸭脯丝、笋丝下锅，炒熟。

对宝宝的好处：
能有效抵抗神经炎和多种炎症，让宝宝远离疾病。

素炒三鲜

用料：
茄子 100 克
土豆 50 克
黄甜椒 50 克
红甜椒 50 克
盐

做法：
①土豆洗净去皮切片；茄子洗净去皮切长条；黄、红甜椒洗净切块。②起锅热油，倒入黄、红甜椒块爆炒，再放入土豆片和茄子条炒熟，加盐调味即可。

 对宝宝的好处：
充足的维生素 C，提高宝宝免疫力，预防感冒。

咽喉肿痛、咳嗽的宝宝不宜吃甜椒。

虾皮豆腐

用料：
豆腐 100 克
虾皮 15 克
葱末
酱油
水淀粉
盐

做法：
①豆腐切片；虾皮剁细末。②葱末和虾皮入油锅爆香，倒入豆腐，翻炒后加酱油、白糖、盐及水，翻匀烧沸，最后用水淀粉勾芡。

 对宝宝的好处：
有利于宝宝骨骼健康。

虾皮可以用鲜虾仁来代替。

菠菜炒鸡蛋

用料：
菠菜 100 克
鸡蛋 1 个
葱花

做法：
①菠菜洗净，焯熟，捞出沥干水分后，切小段备用。②鸡蛋打入碗中，搅拌均匀，在热油锅中炒碎。③再起油锅，爆香葱花，放入菠菜、鸡蛋，翻炒 1 分钟即可。

 对宝宝的好处：
有利于宝宝骨骼和大脑的发育。

菠菜先用热水烫一下，这样可减轻涩味。

炒西蓝花

用料：
西蓝花 100 克
盐
蒜末
香油

做法：
①西蓝花洗净，切小块，焯水。②油锅烧热，下蒜末煸炒至金黄色，调入盐，下入西蓝花，快速翻炒，最后淋香油装盘。

 对宝宝的好处：
使宝宝皮肤好、更聪明。

宝宝吃西蓝花时，可嘱他多嚼几次，这样利于吸收。

上汤娃娃菜 蛋白质 膳食纤维 胡萝卜素

用料：
娃娃菜 1 棵
香菇 3 朵
高汤
盐

做法：
①娃娃菜择洗干净，取菜心；香菇洗净，切丁。②高汤煮开，下入娃娃菜菜心、香菇丁煮 10 分钟，加入盐调味即可。

 对宝宝的好处：
宝宝常吃娃娃菜可利尿通便。

若在此菜中加点木耳，营养更全面。

香菇烧豆腐

用料:
豆腐1块
香菇3朵
高汤
盐

做法:
①香菇洗净去蒂，切片。②将豆腐切小块，待锅中水烧开后加少许盐，下豆腐焯烫，捞出备用。③油锅烧热，加入香菇片翻炒，加水，下豆腐，加高汤烧煮片刻即可。

 对宝宝的好处:
豆腐和香菇的搭配能促进钙的吸收，保证宝宝骨骼健康。

可用泡香菇的水来烹调，但必须在泡香菇前将香菇洗净。

海带炖肉

用料:
猪肉100克
海带50克
盐

做法:
①猪肉切小块氽水；海带洗净切片。②猪肉块略炒，加水，大火烧开转小火炖至八成烂，下海带片，再炖10分钟左右，加盐调味即可。

 对宝宝的好处:
海带中丰富的碘有促进宝宝大脑发育的作用。

给宝宝吃的猪肉最好是瘦肉。

煎猪肝丸子

用料:
猪肝50克
洋葱30克
西红柿半个
鸡蛋1个
番茄酱
干淀粉

做法:
①猪肝剁成泥；洋葱切碎；猪肝、洋葱放入同一个碗中，加鸡蛋液、干淀粉搅拌成馅。②平底锅放油烧热，将肝泥挤成丸子，下锅煎熟。③西红柿切碎，同番茄酱一起炒熟，倒在猪肝丸子上。

 对宝宝的好处:
猪肝是补铁好食材，能预防宝宝缺铁性贫血。

如果宝宝正患肺炎、咳嗽，就不宜放洋葱。

美味汤粥

烹制南瓜时不宜加醋，否则会破坏南瓜中的营养成分。

南瓜虾皮汤

铁　钙　磷

用料：
南瓜 100 克
虾皮 25 克
葱花
高汤
盐

做法：
①将南瓜洗净，去皮，去瓤，切成薄片；虾皮淘洗干净。②锅内放油烧热，放入南瓜片爆炒几下，加入高汤和虾皮。③南瓜煮烂时，加入盐、葱花调味即可。

 对宝宝的好处：
虾皮素有"钙库"之称，是宝宝补钙的首选。

冬瓜丸子汤

用料:
冬瓜 100 克
肉末 50 克
水淀粉
盐

做法:
①冬瓜洗净,去皮和瓤,切薄片;肉末加盐、水淀粉搅匀,捏成丸子,隔水蒸熟。
②油锅烧热,加入冬瓜煸炒,加盐,再加水煮沸,最后将蒸好的丸子放入锅中,烧至冬瓜软烂入味。

 对宝宝的好处:
清热利尿,特别适合宝宝夏天食用。

丸子先蒸后煮,口感更好。

香菇鱼丸汤

用料:
香菇 50 克
鱼丸 30 克
豆腐
葱花

做法:
①香菇洗净,切花刀,焯水待用;鱼丸汆水;豆腐洗净切块。②锅内倒入水烧开,放入香菇、鱼丸,煮开至鱼丸浮起,放入豆腐烧开,撒上葱花即可。

 对宝宝的好处:
提高宝宝的免疫力,促进智力发展。

妈妈也可以自制鱼丸,这样能保证鱼丸的新鲜,而且更卫生。

紫菜虾皮蛋花汤

用料:
紫菜 10 克
鸡蛋 1 个
虾皮
盐
香油

做法:
①虾皮、紫菜洗净,紫菜撕成小块;鸡蛋磕入碗中,搅匀。②锅内加适量水,放紫菜。③煮开后,淋入鸡蛋液,搅出蛋花。④再次煮开,加入虾皮,略加盐调味,淋香油即可。

 对宝宝的好处:
促进宝宝骨骼、牙齿的生长发育,增强宝宝免疫力。

紫菜食用前泡发,并换1~2次水以清除污物。

粥中含有较多的豆类，吃多了容易胀气，因此不宜让宝宝多吃。

八宝粥 蛋白质 氨基酸 维生素

用料：
大米、紫米、红豆、绿豆、白芸豆、花生仁、桂圆肉、葡萄干各10克

做法：
①大米、紫米、红豆、绿豆、白芸豆、花生仁均淘洗干净，浸泡2小时。②所有材料放锅里，加水，小火慢煮至豆烂米稠。

 对宝宝的好处：
八宝粥可以充分发挥营养素的互补作用，增强宝宝的体力。

做起来简单方便，而且营养丰富。

鸡蛋瘦肉粥 卵磷脂 蛋白质

用料：
鸡蛋1个
猪肉50克
糯米50克
葱花

做法：
①将猪肉洗净剁碎；糯米洗净。②将糯米、猪肉一起放入电饭锅里，打入鸡蛋，放适量水煮熟，撒上葱花即可。

 对宝宝的好处：
促进宝宝对营养的吸收，提高宝宝免疫力。

牛肉不宜多吃，一次让宝宝吃20克即可。

蔬菜牛肉粥 蛋白质 氨基酸 铁

用料：
牛肉20克
菠菜20克
胡萝卜20克
洋葱20克
大米40克
盐

做法：
①牛肉洗净，入锅炖熟后切碎。②菠菜洗净，焯水后切碎；胡萝卜、洋葱洗净，切成小块。③大米洗净，放入锅内加水煮沸，转小火时将胡萝卜、洋葱放入锅中。④煮至米烂时，将牛肉碎、菠菜碎放入，稍煮加盐。

 对宝宝的好处：
提高宝宝抗病能力，使宝宝更健康。

菠萝粥

用料:
大米 50 克
菠萝 20 克
枸杞子

做法:
①大米淘净,浸泡 1 小时后加水煮粥;菠萝削皮后切成小丁。②粥将熟时,加入菠萝丁、枸杞子,搅拌均匀,再焖煮10 分钟即可。

 对宝宝的好处:
有香甜水果味的粥,既开胃又滋补。

枸杞子易上火,宝宝的食物中一定要少放。

香甜芝麻羹

用料:
配方奶 100 毫升
芝麻 30 克

做法:
①先将芝麻洗净,晾干,然后用小火炒熟,研成细末。②在配方奶中放入芝麻末,调匀即可。

 对宝宝的好处:
有利于宝宝大脑的发育。

如果宝宝腹泻,就不宜吃芝麻。

清蒸豆腐羹

用料:
豆腐 50 克
芹菜 30 克
鸡蛋 1 个
香油
盐

做法:
①芹菜洗净,切碎末;豆腐捣碎、沥干;鸡蛋打散。②将芹菜丁、豆腐、蛋液放在一起,加入盐搅拌均匀,淋上香油,上锅蒸 10 分钟即可。

 对宝宝的好处:
保健肠胃,清洁宝宝肠道,同时还有益于宝宝神经及大脑的发育。

对于便秘宝宝,这道羹有助于缓解便秘症状。

营养·主食

肉松三明治

用料：
吐司2片
肉松20克
黄瓜半根
香蕉半根

做法：
① 黄瓜洗净切片；香蕉去皮，切片。
② 取一片吐司面包平铺，放上肉松、黄瓜片、香蕉片，再盖上一片吐司面包，三明治就做成了。

下午用肉松三明治给宝宝加餐，方便又营养。

 对宝宝的好处：
易于消化，增强宝宝的食欲。

芝麻酱花卷

用料:

面粉 80 克
芝麻酱 20 克
酵母
盐

做法:

①面粉加入酵母、水和匀,放温暖处发酵;芝麻酱加入盐调匀,备用。②将发好的面团擀成长方片,抹匀芝麻酱,卷成卷,用刀切成相等的段,然后将每两段叠起拧成花卷,用大火蒸 15 分钟即可。

 对宝宝的好处:

经常食用,对宝宝的骨骼、牙齿发育大有益处。

激发宝宝食欲的不仅是美味,还有花卷漂亮的造型。

玉米面发糕

用料:

面粉 100 克
玉米面 100 克
酵母
白糖

做法:

①面粉、玉米面、白糖、酵母混合均匀,揉成面团。②面团放入蛋糕模具中,放温暖处醒发 40 分钟左右。③发好的面团入蒸锅,开大火,蒸 20 分钟,立即取出,取下模具,切成厚片。

 对宝宝的好处:

玉米中含有的膳食纤维能促进胃肠蠕动,防止宝宝便秘。

还可以将玉米面换成黑米面、荞麦面,给宝宝换换口味。

黑米馒头

用料:

面粉 100 克
黑米面 200 克
酵母

做法:

①面粉和黑米面混合,酵母放在 300 毫升水中,待完全溶解后,倒入黑米面粉中,和成面团。②待面团发酵后,制成馒头状,入蒸锅蒸熟即可。

 对宝宝的好处:

偶尔给宝宝吃些黑米等粗粮,可增强宝宝的抵抗能力。

黑米面混合一些小米面,口感会更加细腻。

速冻玉米粒不够新鲜，最好买新鲜玉米棒自己剥。

玉米糊饼

用料：
鲜玉米粒 100 克
葱花

做法：
①将鲜玉米粒用豆浆机打碎，加适量的水，搅成糊状；把葱花一同放到玉米糊中拌匀。②油锅烧热，倒入玉米糊，在锅中煎成薄饼，两面都煎熟。

 对宝宝的好处：
玉米中含有较多的膳食纤维，可加强肠道蠕动，有效预防宝宝便秘。

油炸的牛肉土豆饼热量较高，不宜让宝宝晚饭时食用。

牛肉土豆饼

用料：
牛肉 50 克
鸡蛋 1 个
土豆 1 个
牛奶
面粉
料酒
盐

做法：
①土豆洗净蒸熟，和牛奶捣成泥糊；鸡蛋打散。②牛肉用料酒腌制半小时，放入适量盐，剁成泥，再和土豆泥混合。③将拌好的牛肉土豆泥做成圆饼，裹一层面粉，再裹一层蛋液，放入油锅，双面煎熟。

 对宝宝的好处：
可以增强宝宝体力，补充热量。

自制饺子皮，妈妈还可以用带麸皮的全麦面粉，或在面粉中加入豆面。

鲜汤小饺子

用料：
饺子皮 10 张
白菜 30 克
肉末 50 克
鸡蛋 1 个
高汤
盐
葱花

做法：
①白菜洗净，剁碎；鸡蛋打散。②将白菜末与肉末混合，加盐、蛋液拌匀，用饺子皮包成小饺子。③高汤煮沸，下饺子煮沸后加少量冷水，再次煮沸加冷水，反复 3 次，煮熟后撒上葱花即可。

 对宝宝的好处：
帮助消化、促进排便，改善缺铁性贫血，是一道适合宝宝的多功能辅食。

青菜肉末煨面

用料：
猪肉末 30 克
青菜 3 棵
香菇 2 朵
细面条
虾皮

做法：
①青菜洗净切成小段；香菇洗净切成丝；青菜和香菇用水焯一下。②锅里加入适量水烧开，加入虾皮、猪肉末、香菇、青菜煮熟后，下入细面条，继续煮5 分钟即可。

 对宝宝的好处：
好消化、易吸收，有利宝宝肠胃健康。

宜用中火煮面条，否则易形成硬心和面条汤糊化。

红薯蛋挞

用料：
红薯 1 个
生鸡蛋黄 2 个
奶油 20 克
白糖

做法：
①红薯洗净去皮，蒸熟，压成泥状，加入白糖、生鸡蛋黄以及奶油搅拌均匀。②将调好的红薯糊舀到蛋挞模型里，放入预热 180℃的烤箱内烤 15 分钟即可。

 对宝宝的好处：
供给宝宝充足的能量且促进脂溶性维生素的吸收，有利于宝宝的生长发育。

蛋挞的热量非常高，妈妈要控制宝宝食用的数量。

大米红豆饭

用料：
大米 50 克
红豆 30 克
黑芝麻
白芝麻

做法：
①红豆洗净，在水中浸泡 2~3 个小时；黑芝麻、白芝麻炒熟。②将红豆捞出，放入锅中，加入适量水煮开，转小火煮至熟。③将大米淘洗干净与煮熟的红豆一起放入电饭锅，加水煮饭。④煮好后拌入炒熟的黑芝麻、白芝麻即可。

 对宝宝的好处：
红豆有较多的膳食纤维，具有良好的润肠通便功能，可以防止宝宝便秘。

红豆烹饪之前先用冷水浸泡 2~3 个小时，更易煮熟。

健康菜品

第四章

2~3岁，为宝宝上幼儿园做准备

肉末四季豆

用料：
四季豆 50 克
猪肉 50 克
葱末
姜末
蒜末
白糖
盐

做法：
①四季豆洗净切成小丁；猪肉洗净剁成末。②炒锅加油烧热，下葱末、姜末炒香，放肉末炒散。③放入四季豆、蒜末、盐、白糖及少许水，炖至四季豆熟透即可出锅装盘。

对宝宝的好处：
四季豆所含皂苷、尿毒酶等成分，可提高宝宝的抗病能力。

四季豆食用前先用清水浸泡 20 分钟再煮熟，否则易引起宝宝身体不适。

家常炖鳜鱼

 蛋白质　脂肪　钙　维生素A

用料：
鳜鱼 1 条
葱末
姜末
盐

做法：
❶鳜鱼宰杀，洗净，在鱼身两侧划月牙形刀纹，用盐腌 20 分钟。❷将鳜鱼入油锅两面略煎后取出。❸另起油锅，下葱末、姜末煸香，放鳜鱼和适量水，小火煨熟，加盐调味。

 对宝宝的好处：
鳜鱼肉质细嫩，极易消化，能够给宝宝补脾、开胃。

鲜鳜鱼剖开洗净，在牛奶中泡一会儿可增加鲜味。

糖醋莲藕

 铁　蛋白质　维生素C

用料：
莲藕 1 节
白糖
醋
葱花
盐

做法：
❶将莲藕去节、削皮切成薄片，洗净。❷油锅烧热，下葱花略煸，倒入藕片翻炒，加入盐、白糖、醋，继续翻炒，待藕片熟透即成。

 对宝宝的好处：
莲藕中富含铁元素，让宝宝脸色红润更健康。

妈妈选购莲藕，应选择藕节短、藕身粗的。

韭菜炒豆芽

 膳食纤维　 维生素　 胡萝卜素

用料：
韭菜 50 克
黄豆芽 50 克
葱末
盐

做法：
❶黄豆芽洗净；韭菜择洗净，切段。❷油锅烧热，下葱末爆香，再放入黄豆芽煸炒几下。❸下入韭菜段翻炒均匀，加入盐调味。

 对宝宝的好处：
韭菜中丰富的膳食纤维有促进宝宝肠道蠕动的作用，可预防便秘。

黄豆芽的豆子比较硬，若宝宝不喜欢，可以用绿豆芽来代替。

肉炒茄丝

钙　铁　锌　蛋白质

用料：
茄子 80 克
瘦猪肉 40 克
葱末
盐

做法：
①将瘦猪肉洗净，切成丝；茄子洗净，去皮，切成丝。②锅中放油，油热后入葱末煸炒，然后放肉丝煸炒，盛出。③锅中再倒油，油热后倒入茄子，加入盐、肉丝一起炒。

 对宝宝的好处：
促进宝宝生长发育，有利于预防宝宝贫血。

肉丝和茄子丝口感不同，却完美融合成一道美味。

鲜虾西蓝花

蛋白质　硒

用料：
鲜虾 5 只
西蓝花 100 克
蒜片
盐

做法：
①鲜虾去壳，去虾线，洗净，剥出虾仁；西蓝花洗净，掰成小朵，入沸水中焯烫。②油锅烧热，下入虾仁，炒至变色时下入蒜片，最后倒入西蓝花翻炒至熟。③用盐调味，再炒一两分钟即可出锅。

 对宝宝的好处：
有利于宝宝智力的发育。

晶莹剔透的虾仁和翠绿的西蓝花，让宝宝吃得营养又开心。

虾仁豆腐

用料:
豆腐 1 块
虾仁 5 个

做法:
①豆腐洗净、切丁;虾仁切丁。②炒锅加适量油烧热,放虾仁炒熟,再放豆腐丁同炒,翻炒均匀即可。

 对宝宝的好处:
对心脏活动具有重要的调节作用,促进宝宝骨骼和牙齿的顺利生长,增强体质。

虾肉的弹性融合豆腐的松软,既锻炼宝宝的牙齿,又易消化。

清蒸带鱼

用料:
带鱼 1 条
盐
料酒
姜片

做法:
①把带鱼洗净,用盐、料酒浸一下。②放上姜片,淋上熟植物油,然后放入锅内蒸 20 分钟即可。

 对宝宝的好处:
带鱼中含有丰富的镁元素,可以强健宝宝心脏。

给宝宝吃带鱼前要把鱼刺挑干净。

香菇白菜

用料:
白菜 100 克
香菇 3 朵
盐

做法:
①白菜洗净,切成片;香菇去蒂洗净,切块。②锅中放入油,油烧热后,放白菜炒至半熟,加入香菇、盐和适量水,小火煮软即可。

 对宝宝的好处:
白菜中的锌能使宝宝保持一个好胃口。

煮白菜时不宜久焖。

空心菜不宜与酸奶同食，以免影响钙吸收。

清炒空心菜

用料：

空心菜 200 克
葱末
蒜末
盐
香油

做法：

①将空心菜择洗干净，切成段。②炒锅加油烧至七成热时，放入葱末、蒜末炒香。③下空心菜炒至刚断生，加盐翻炒，淋香油，装盘即可。

 对宝宝的好处：

宝宝常吃空心菜可预防便秘。

蒜薹不宜过多食用，以免引起上火。

蒜薹烧肉

用料：

肉丝 100 克
蒜薹 100 克
水淀粉
盐

做法：

①取适量水淀粉、盐放在洗净肉丝中，抓匀；蒜薹洗净切段。②先将蒜薹炒熟，盛出。③再下入肉丝煸炒，下蒜薹炒匀，起锅装盘。

 对宝宝的好处：

蒜薹中含有辣素，具有杀菌的作用，可以预防细菌导致的宝宝腹泻。

整鸡炖味更香，炖好后再切小块。

莲藕炖鸡

用料：

仔鸡 1 只
莲藕 30 克
姜片
料酒
盐

做法：

①莲藕去皮洗净切成块；仔鸡去内脏洗净，然后放入沸水焯一下，捞出洗净。②锅内放入水和仔鸡用大火烧开，撇去浮沫，加入料酒、盐、姜片、莲藕，用中火炖至鸡肉软烂。

 对宝宝的好处：

可以促进宝宝身体的新陈代谢。

白芝麻海带结

用料：
宽海带 50 克
白芝麻 5 克
白糖
盐
香油

做法：
①白芝麻洗净，在不加油的锅中炒熟盛出，晾凉；宽海带洗净，切成长条，打成结。②打好结的海带煮熟，捞出，沥干。③海带结中加盐、白糖、香油拌匀，撒上白芝麻即可。

 对宝宝的好处：
促进宝宝大脑发育。

海带打结的地方不宜煮透，可以多煮一会儿。

凉拌胡萝卜丝

用料：
胡萝卜半根
葱丝
盐
香油

做法：
①胡萝卜洗净，去皮，切细丝。②将胡萝卜丝、葱丝放入碗中，加盐稍微腌一会。③再淋上香油即可。

 对宝宝的好处：
爽口开胃，让宝宝有食欲。

宝宝不喜欢吃葱，妈妈可以少放。

芝麻拌芋头

用料：
芋头 50 克
白芝麻 15 克
牛奶
白糖

做法：
①芋头洗净，上锅蒸熟，去皮，捣成泥状；白芝麻小火焙熟。②在芋泥中加入熟芝麻、白糖，用牛奶拌匀即可。

 对宝宝的好处：
芋头中的膳食纤维能增强肠胃蠕动，防止宝宝便秘。

常积食的宝宝不宜吃芋头。

清炒蚕豆

 蛋白质　 碳水化合物　 牛磺酸　镁

用料:
蚕豆 150 克
葱花
盐

做法:
①蚕豆洗净, 去掉外皮。②油锅烧热, 放入葱花炒香, 再将蚕豆倒入翻炒, 加少许水焖煮。③蚕豆绵软时即表示蚕豆已熟, 出锅前加盐调味。

 对宝宝的好处:
蚕豆中含有丰富的牛磺酸, 有增强记忆力的健脑作用。

炒蚕豆时可以加个红甜椒, 色香味俱全.

豌豆炒虾仁

 蛋白质　钙　碳水化合物　维生素 A

用料:
豌豆 50 克
虾仁 50 克
高汤
盐

做法:
①豌豆洗净; 虾仁泡发好。②油锅烧至四成热, 加入豌豆煸炒片刻, 再加虾仁煸炒 2 分钟左右, 倒入高汤, 待汤汁浓稠时, 加盐调味即可。

 对宝宝的好处:
促进宝宝生长及智力发育。

可以换腰果和虾仁搭配, 同样能增智健脑.

青柠煎鳕鱼

用料：
鳕鱼肉 200 克
柠檬 1 个
水淀粉
蛋清
盐

做法：
①鳕鱼洗净，切小块，加入盐腌制片刻，挤入柠檬汁。②将鳕鱼块裹上蛋清和水淀粉。③锅内放油烧热后，放入鳕鱼煎至两面金黄即可出锅。

 对宝宝的好处：
鳕鱼 DHA 含量相当高，是有利于宝宝脑发育的益智食物。

柠檬较酸，有口腔溃疡的宝宝不宜食用。

香酥带鱼

用料：
带鱼 100 克
料酒
干淀粉
盐

做法：
①带鱼收拾干净，擦干水，用盐、料酒腌制，腌好的带鱼裹上干淀粉。②锅内放少许油烧热后，下带鱼段煎至两面金黄，取出放在厨房用纸上，吸掉表面上的油即可食用。

 对宝宝的好处：
带鱼具有暖胃、养血的作用，且肥嫩，宝宝吃易消化。

若宝宝正在咳嗽，不宜给他吃带鱼。

时蔬甜虾沙拉

用料：
虾 50 克
小西红柿 20 克
大杏仁 10 克
彩椒 10 克
柠檬汁 10 克
蛋黄酱 10 克
炼乳 5 克

做法：
①虾处理干净，并上蒸锅隔水蒸 5 分钟。②小西红柿洗净，对半切开；彩椒洗净，去蒂切成条；大杏仁碾碎。③炼乳、蛋黄酱、柠檬汁充分搅拌均匀。④将虾、小西红柿、彩椒、大杏仁倒入大碗中，调入柠檬蛋黄酱搅拌均匀即可。

 对宝宝的好处：
促进宝宝智力发育，提高宝宝免疫力。

宝宝胃口不好的时候很适合吃这道菜。

美味汤粥

蛋花豌豆粥

 碳水化合物　 钙　 蛋白质

用料：
大米 40 克
豌豆 30 克
鸡蛋 1 个
盐

做法：
①将大米、豌豆均洗干净，加水先用大火烧开，再用小火煮至豆烂米熟。②把鸡蛋打成蛋液，倒入锅中，搅匀，稍煮片刻，加盐调味即可。

 对宝宝的好处：
豌豆含有赤霉素和植物凝素等物质，具有抗菌消炎、促进宝宝新陈代谢的功效。

粥中还可以加点玉米粒，玉米和豌豆的蛋白质能互补。

核桃仁稠粥

用料:
核桃仁 30 克
大米 50 克

做法:
①将核桃仁炒熟,磨成粉。②大米洗净放入锅内,加水后小火煮至半成熟,加入核桃粉,同煮至黏稠即可。

 对宝宝的好处:
核桃仁所含的多不饱和脂肪酸,对宝宝的大脑发育极为有益。

核桃油脂较多,吃多易消化不良,宝宝不宜多吃。

牛奶大米粥

用料:
大米 100 克
牛奶 250 毫升

做法:
①将大米淘洗干净,放入锅中,加入适量水,大火煮沸。②然后转小火煮 30 分钟,加入牛奶,稍煮即可。

 对宝宝的好处:
此粥味道香甜可口,还能帮助滋润、调理宝宝的肠胃。

牛奶加热时不能煮沸,否则会破坏其中的营养成分。

冰糖紫米粥

用料:
紫米 50 克
冰糖

做法:
①紫米洗净,用水浸泡 1 时;将紫米倒入锅中,加水大火煮开后,改小火煮至紫米糯软。②出锅时加入少许冰糖。

 对宝宝的好处:
紫米中的叶酸对宝宝的神经细胞与脑细胞发育均有促进作用。

紫米会促进排便,腹泻的宝宝不宜食用。

虾丸可以换用新鲜虾仁，味道会更鲜美。

萝卜丝虾丸汤

用料：
白萝卜 50 克
虾丸 5 个
葱花
盐

做法：
①白萝卜洗净，擦细丝。②油锅烧热，爆香葱花，放入白萝卜丝翻炒。③炒至断生，加适量水，烧开后加入虾丸，煮至白萝卜丝变软，用盐调味。

 对宝宝的好处：
白萝卜有利于宝宝的肠胃健康。

汤上尽漂浮的油沫，不利于宝宝消化，要将它去掉。

山药胡萝卜排骨汤

用料：
排骨 100 克
山药 50 克
胡萝卜半根
枸杞子 5 颗
盐

做法：
①排骨洗净，焯水；山药去皮，洗净，切块；胡萝卜洗净，切块。②将排骨放入锅中，加适量水，大火煮开后转小火煮 30 分钟左右，放山药块、胡萝卜块、枸杞子，煮至排骨和山药软烂，加盐调味即可。

 对宝宝的好处：
增强宝宝免疫力，促进宝宝骨骼的生长。

要选择优质海蜇皮，并尽量切碎一些。

海蜇皮荸荠汤

用料：
海蜇皮 50 克
荸荠 3 个

做法：
①海蜇皮用水洗净，切碎；荸荠洗净，去皮切片。②海蜇皮与荸荠片一起放入锅中，加水煮 20 分钟即可。

对宝宝的好处：
促进宝宝身体和智力发育，还对肺热型咳嗽有很好的治疗效果。

鸭血豆腐汤

用料：
鸭血 50 克
豆腐 50 克
香菜末
盐

做法：
①鸭血、豆腐洗净，分别切成小条。
②锅内放适量水，下鸭血块、豆腐块煮熟，加盐、香菜末调味即可。

 对宝宝的好处：
鸭血具有清洁血液、解毒的功效，不但可以代谢出宝宝体内的重金属，还可以清除被蚊虫叮咬后的余毒。

鸭血有排毒作用，能润肠通便，很适合大便干结的宝宝食用。

牛肉萝卜汤

用料：
牛肉 100 克
白萝卜 100 克
香菜末
蒜末
香油
盐

做法：
①白萝卜洗净，切片；牛肉洗净切丝，加盐、香油、蒜末腌入味。②锅中放入适量开水，先放入白萝卜片，煮沸后放入牛肉丝，煮熟后加少许盐调味，最后撒上香菜末即可。

 对宝宝的好处：
为宝宝滋养脾胃，增强机体免疫力。

白萝卜也可以换成胡萝卜，滋补明目的功效很好。

香菇疙瘩汤

用料：
香菇 4 朵
面粉 30 克
鸡蛋 1 个
盐

做法：
①将香菇洗净，切丁；面粉加水和鸡蛋混合拌匀成面团。②在锅中倒入适量水，大火烧沸后，用小勺挖取面团，放入锅中。③等面疙瘩浮起后，放入香菇丁、盐煮熟即可。

 对宝宝的好处：
香菇含有麦留醇，被吸收后能转化成维生素 D，增强宝宝的免疫力。

面疙瘩一定要煮熟透再给宝宝吃。

营养·主食

虾仁丸子面

用料：
荞麦面 25 克
黄瓜片 20 克
虾仁 4 只
肉馅
木耳
盐

做法：
①虾仁洗净，剁碎，加入肉馅，加适量的盐，顺时针搅成泥状，再做成虾肉丸。
②荞麦面煮熟，盛入碗中。③将虾肉丸、木耳、黄瓜片一起放入沸水中煮熟，再加少量盐调味；将汤和菜料放入面碗中拌匀。

 对宝宝的好处：
虾仁丸子面既利于消化，又可促进宝宝智力发育。

154

荞麦面一次不宜吃太多，否则容易引起消化不良。

牛腩面 蛋白质 氨基酸 铁

用料：
牛腩 50 克
猪棒骨 100 克
面条 50 克
香菜
盐

做法：
①将整块牛腩与猪棒骨汆水后小火炖2小时。②取出牛腩切小块，放回肉汤中继续炖20分钟。③将面条煮熟，加入肉汤、牛腩块，撒上香菜、盐即可。

 对宝宝的好处：
牛腩能提高宝宝抵抗疾病的能力，也是宝宝的补铁食品。

烹饪时放一个山楂或一块橘皮，牛肉不仅易烂，还会更香。

玉米香菇虾肉饺 钙 蛋白质 B族维生素

用料：
饺子皮 15 个
猪瘦肉 150 克
香菇 3 朵
虾仁 5 只
胡萝卜 1/4 根
玉米粒
盐

做法：
①胡萝卜洗净去皮切小丁；香菇泡后切小丁；虾仁切丁。②猪肉和胡萝卜一起剁碎，放入香菇丁、虾仁丁、玉米粒搅匀，再加入调味料制成馅。③饺子皮包上肉馅，入沸水锅中煮熟。

 对宝宝的好处：
虾富含钙质和优质蛋白，玉米又有膳食纤维，食用后宝宝营养更均衡。

虾容易变质，吃不完的虾肉饺不可放置过长时间。

白菜肉末面 膳食纤维 蛋白质 钙

用料：
白菜 20 克
瘦肉 50 克
鸡蛋 1 个
面条 50 克
盐

做法：
①瘦肉洗净，剁成碎末；白菜择洗干净，切成碎末。②将水倒入锅内，加入面条煮软后，加入肉末、白菜末稍煮，再将鸡蛋调散后淋入锅内，加盐调味即可。

 对宝宝的好处：
促进宝宝肠道排毒，预防便秘。

白菜与瘦肉、鸡蛋一起烹饪，能促进动物蛋白质的吸收。

银鱼和蛋黄有助于增强宝宝记忆力。

海苔饭团

用料：
海苔 1 张
豌豆 10 克
熟蛋黄 1 个
银鱼 2 克
白芝麻 2 克
米饭、白醋
白糖

做法：
①白醋和白糖拌入饭中；银鱼用热水泡开。②豌豆煮熟；白芝麻用干锅炒香；熟蛋黄和海苔压碎。③所有原料混合在一起，用手捏成小团或用模型扣出。

 对宝宝的好处：
海苔中丰富的矿物质可以帮助维持机体的酸碱平衡，有利于宝宝的生长发育。

软糯的南瓜饼清香扑鼻，是宝宝早餐的好选择。

南瓜饼

用料：
南瓜 100 克
糯米粉 200 克
白糖
红豆沙

做法：
①南瓜去子，洗净，包上保鲜膜，用微波炉加热 10 分钟。②挖出南瓜肉，加糯米粉、白糖和成面团。③将红豆沙搓成小圆球，包入豆沙馅成饼胚，上锅蒸10 分钟即可。

 对宝宝的好处：
有利于宝宝骨骼生长，保护视力。

如果宝宝腹泻，不宜吃西葫芦。

西葫芦饼

用料：
西葫芦 1 个
面粉 200 克
鸡蛋 1 个
盐

做法：
①鸡蛋打散，加盐调味；西葫芦洗净，擦丝。②将西葫芦丝、蛋液倒入面粉里，搅拌均匀。③锅里放油，将面糊放进去，煎至两面金黄盛盘即可。

 对宝宝的好处：
有利于宝宝牙齿健康。

西红柿烩肉饭

用料:
米饭 100 克
鸡肉、西红柿、
洋葱各 20 克
胡萝卜 10 克
青椒 10 克
高汤

做法:
①西红柿去皮,切碎;洋葱切碎;胡萝卜磨成泥。②鸡肉剁碎;青椒切碎。③油锅烧热,依次放入鸡肉、洋葱、西红柿、胡萝卜、青椒,再加入米饭一起翻炒。④在炒制的米饭上倒入高汤,一起煮片刻即可。

 对宝宝的好处:
鸡肉中的蛋白质易吸收,能增强体力,让宝宝长得更壮。

鸡肉性温,咳嗽有痰的宝宝不宜吃鸡肉。

海鲜炒饭

用料:
米饭 50 克
鸡蛋 1 个
墨鱼 1 只
虾仁 5 个
干贝
干淀粉
盐

做法:
①鸡蛋打散,分蛋清和蛋黄;墨鱼处理干净,切丁,和虾仁一起加干淀粉,与部分蛋清拌匀,氽水捞出;干贝洗净,切碎;蛋黄煎成蛋皮,切丝。②将剩余蛋清、墨鱼丁、干贝、虾仁拌炒,最后加入米饭、盐炒匀即可。

 对宝宝的好处:
美味海鲜能刺激食欲,可给宝宝开胃。

海鲜有营养,但不宜给宝宝多吃。

香酥洋葱圈

用料:
洋葱 100 克
面粉 50 克
鸡蛋 1 个
料酒
盐

做法:
①将洋葱切成环形圈,用盐、料酒腌一下,调匀待用。②面粉加水、鸡蛋液、盐搅拌均匀,把腌好的洋葱裹上面粉,下入六成热的油锅中炸至金黄色。

 对宝宝的好处:
宝宝常吃洋葱有调节神经、增强记忆的作用。

宝宝眼屎过多时,不宜吃洋葱。

培养 宝宝好性格和高情商

🐾 建立良好的亲子依恋，妈妈要怎么做

依恋是在宝宝出生后最初的两年内和主要养育者之间建立的一种关系，依恋的质量会影响到宝宝社交、情感和智能的发展。产生安全依恋的宝宝将来会对探索外部世界有更大的好奇心和更浓厚的兴趣，容易自给自足，对挫折也有更大的承受力，更易成为同龄人中的成功者。

所以，妈妈要从一开始就建立良好的亲子依恋，努力让宝宝产生安全依恋。

尽可能地采用母乳喂养，在哺乳的过程中，宝宝躺在妈妈的怀里可以感到温馨的母爱。

回应宝宝的情感需求，宝宝的每声呼唤都期待着妈妈的回答，得到你的回应，他会倍感兴奋。

多与宝宝拥抱、抚摸、亲吻、对视，抓住每次机会和他说话、游戏。

不要频繁更换监护人，更换保姆。

🐾 爸爸这样做，宝宝更自信

研究证明，父爱在宝宝的成长中起着不可替代的作用。父爱对宝宝的影响远不止于智力，还涉及性别角色和个性品质的形成、社会行为的影响等方面。

当父亲成为主要养育者之一时，宝宝能够跟陌生人相处得更好。同父亲和母亲都形成强烈依恋的宝宝更容易在成年期建立成功的人际关系。

所以，在日常生活中，爸爸要尽量做到以下几点：

多和宝宝相处，多参与照顾宝宝，和他说话、做游戏。

多亲吻、拥抱、抚摸宝宝，爱要让他知道。

尝试了解和分享宝宝的感受。

尊重宝宝的个体差异。

爸爸平时多和宝宝相处，即使是简单的说话、抚摸，也能让宝宝感受到父爱。

天气好的时候，带宝宝外出，给宝宝介绍户外的见闻，也能增进亲子关系。

如何缓解宝宝的分离焦虑

宝宝与妈妈朝夕相处,当宝宝要进入幼儿园,宝宝会感到无助和害怕,故而产生分离焦虑,表现有焦躁、哭泣、拒食、打乱已经建立的饮食和睡眠规律等。

分离焦虑是正常现象,宝宝的眼泪是一种宣泄和过渡,妈妈不要过分自责和内疚,这样只会延长彼此的焦虑时间。妈妈可以采取以下方法来缓解宝宝的焦虑。

无论宝宝多大,当父母不得不离开时,必须给宝宝足够的时间来进行心理和身体的调整。切忌在宝宝全神贯注做事时或等宝宝入睡后悄悄离开,这只能带给宝宝更大的不安全感。

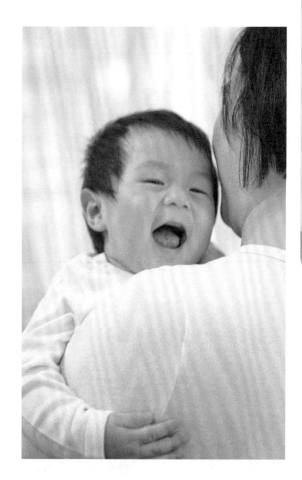

离开前,妈妈要充满慈爱、简短、积极地告别。可以尝试建立告别仪式,拥抱亲吻宝宝、告别后去上班。下班后通过大量的爱抚、交流、游戏、共处,来弥补宝宝分离产生的焦虑感。

帮助宝宝建立与其他看护者的依恋关系,比如父女、爷孙等,"温暖、舒适、安全"可缓解宝宝的分离焦虑。也可以用柔软的、触感温暖的玩具或带有妈妈体味的几件衣服来缓解。

帮宝宝轻松度过"认生期"

认生是宝宝社会性的进一步发展,是宝宝成长中正常的阶段。但过度认生对宝宝的成长是不利的,会影响他的智力发展和交往能力。要帮宝宝轻松度过"认生期",父母需要做到以下几点:

帮助宝宝建立安全感,建立和巩固亲子依恋关系。

抽尽量多的时间陪伴宝宝,尽量减少离开宝宝的次数,必须离开时,用宝宝能理解的语言或动作告诉他,让宝宝有心理上的准备。

不要过度保护宝宝,创造条件扩大生活范围,让宝宝接触更多的社会环境。带宝宝上上街、逛逛公园、串串门、迎迎客……宝宝接触的人越多,认生的程度会越轻,时间会越短。

接触陌生客人的正确方法:客人到来,宝宝在父母怀里远距离观察、熟悉,熟悉后靠近,进一步熟悉后再亲近。怕宝宝受到惊吓产生焦虑就让他远离陌生人的做法是不可取的。

逗笑是宝宝最初的智力萌芽

2~3 个月的宝宝就可以通过逗引发出笑声。逗笑是宝宝的感觉系统（视、听、触）与运动系统（面部肌肉）之间建立神经联系、形成条件反射的标志，是宝宝对妈妈及家人的付出做出的综合性的主动回报，是宝宝最初的智力萌芽。笑可以使宝宝产生愉悦情绪，是宝宝心理健康的重要标志。

父母平时应用多种办法逗笑宝宝，比如扮鬼脸、挠痒痒、出怪声、多与宝宝交流说话等，让宝宝心情愉悦。但是，逗笑也要有度，起初半分钟左右就可以，如果宝宝情绪不稳定，父母就不要强求逗宝宝笑，而且当宝宝烦躁大哭时，父母就要终止与宝宝游戏。

宝宝需要父母的精心照料、爱抚、微笑、搂抱、游戏和交流，这不仅能让他充分感受父母的爱，更是通过触觉、动觉、平衡觉、视听觉的综合刺激，对宝宝需要刺激的大脑输送发育必需的营养素。

保护好宝宝的好奇心

在宝宝的成长过程中，创造力是决定他是否优秀和与众不同的最重要因素，而好奇心正是创造力的前奏和原动力。所以，保护好宝宝的好奇心非常重要，父母首先要做好以下几点：

宝宝已经能理解"不"的含义，妈妈尽量少说"不"，过多的"不"会阻碍宝宝好奇的探索，不利于智力发展。

父母要亲身示范，向宝宝展现出自己的好奇心，比如带宝宝一起外出散步时，表现出对一草一木、太阳、星星及其他事物的兴趣和探索欲望。

父母要为宝宝创设一个安全、丰富和让宝宝感兴趣的环境。鼓励宝宝积极探索和观察周围环境，尝试各种行为试验，在游戏中探索因果关系，模仿熟悉人的行为和动作。和宝宝游戏、交流、阅读、认识新事物，因为这些都是激发和满足宝宝好奇心的行动。

观察宝宝的兴趣，投其所好，并指引他们去做自己感兴趣的事情，这样可以让宝宝感受到父母对其好奇心的肯定和支持。

正确对待宝宝的暴力

随着宝宝自我意识的萌芽，事事都是"我"字当头，如果不顺心或者不合意，就会用手打、抓或者用牙齿咬。这是宝宝交往能力、表达能力欠缺的表现，是这个时期大部分宝宝的特征。

对宝宝来说，"暴力"是他认识世界，处理周围环境的一种正常的方式。父母正确的介入方法是平心静气的对待，然后转移他的注意力。

宝宝抓人、打人的目的仅仅是出于想与别人交往，妈妈可以告诉他，这不是让别人喜欢和感到舒服的交往方式，交朋友应该是握握手或者拥抱一下。

父母应以积极热情的方式对宝宝的良好行为给予鼓励，尤其是那些平时习惯打骂、呵斥、批评宝宝的父母，更应注意自己的态度。

抓住敏感期培养宝宝的秩序感

宝宝的秩序感是先天而来的，父母要顺应宝宝与生俱来的秩序感，培养他有序、合理的生活习惯，令他在自己喜欢的环境中愉快的生活。这样，宝宝长大后，不但智能会得到提升，同时在人际交往中也会表现得自如、和谐。

父母要在宝宝产生秩序感的第一时间培养他一系列良好的行为习惯，帮助他形成良好的自我形象。例如，进门就换拖鞋，上床要脱鞋，吃饭要端坐在自己的位子上不摇不晃，每个玩具放在固定的"家"里。

父母要教宝宝将玩过的玩具放回原处，不过宝宝的理解和执行力有限，父母要有耐心。

健康菜品

第五章
3岁以后，像大人一样吃饭

炒五彩玉米

用料:
玉米粒 50 克
黄瓜丁 50 克
胡萝卜丁
松仁
盐

做法:
①油锅烧热，依次放入胡萝卜丁、玉米粒、松仁、黄瓜丁。②将食材翻炒均匀，加盐调味即可。

 对宝宝的好处:
丰富的膳食纤维能够促进肠胃蠕动，让宝宝肠道通畅。

五彩的蔬菜丁和坚果粒，让营养更全面。

芦笋烧鸡块

用料：

鸡脯肉 100 克
芦笋 50 克
红甜椒 1 个
白糖
生抽
姜末
蒜末
盐

做法：

①鸡脯肉切小块，沸水汆烫；芦笋洗净切长段，入盐水内煮至断生；红甜椒去蒂去子，洗净切长条。②油锅烧热，先炒香姜末、蒜末，再放入鸡块爆炒至表面呈微焦黄色，加入芦笋段、红甜椒，调入盐、白糖和生抽。

 对宝宝的好处：

宝宝常吃这道菜，能够长力气、长个子。

甜椒味不辣而略甜，色泽亮丽，宝宝更喜欢。

西施豆腐

用料：

豆腐 30 克
虾仁 30 克
香菇 20 克
豌豆
竹笋
葱花
高汤

做法：

①豆腐洗净切成丁；豌豆洗净。②虾仁、竹笋、香菇分别洗净再用水焯一下，切丁。③锅中加高汤煮沸，放豆腐丁、香菇丁、虾仁丁、竹笋丁、豌豆煮熟，出锅前撒上葱花即可。

 对宝宝的好处：

虾仁和豆腐中的钙质有利于宝宝吸收和利用，能帮助宝宝骨骼健康生长。

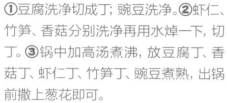

竹笋草酸含量较高，食用前需用水焯一下。

奶焗鳕鱼

用料：

鳕鱼 50 克
牛奶 50 毫升
面粉
奶油
盐

做法：

①鳕鱼洗净，剔出鱼刺，切成小块。②炒锅内放入奶油，溶化后加入面粉、牛奶和盐，边搅拌边煮成牛奶酱汁。③将鳕鱼块拌入牛奶酱汁中，倒入烤杯。④将烤箱预热到160℃，放入鳕鱼烤杯，烤10分钟即可。

 对宝宝的好处：

有利于骨骼健康，使宝宝更强壮。

鳕鱼和油鱼很相似，注意不要误用油鱼。

松仁玉米

用料：
玉米粒 100 克
松仁 100 克
胡萝卜半根
青椒半个
牛奶
白糖
盐

做法：
①将青椒和胡萝卜分别洗净切成小丁备用。②在锅里放入松仁，小火炒至松仁微微泛黄且泛油光时盛出备用。③炒锅倒油烧热，放入胡萝卜丁和青椒丁翻炒 2 分钟；倒入玉米粒和松仁一起大火翻炒 2 分钟，加入牛奶翻炒均匀，炒至汤汁快收干时，加少许盐和白糖调味就好了。

 对宝宝的好处：
松仁中的不饱和脂肪酸，能促进大脑发育，经常吃还能提高宝宝的免疫力。

宝宝吃松子等坚果，不能过量，防止消化不良。

盐水肝尖

用料：
猪肝 1 块
葱段
姜片
盐
料酒

做法：
①猪肝用水洗净，放入水中浸泡 2 小时，中途换水 3~4 次。②将猪肝均匀地抹上一层盐，装进保鲜袋里，腌渍 3 小时左右。③锅里加水，放入葱段、姜片，煮开后放入猪肝，再加少许料酒，煮 30 分钟左右，取出后切片即可。

对宝宝的好处：
猪肝富含铁元素，是宝宝补铁的重要食物来源之一。

用勺子将肝尖碾碎，再让宝宝吃，有益消化。

橙汁山药

用料：
山药 1 段
橙子 2 个

做法：
①将橙子洗净，横向一切为二，用挤橙器挤出橙汁。②山药削去皮切成小段，放入沸水中煮熟后捞出沥干。③山药放入橙汁中，浸泡 2 小时以上即可。

 对宝宝的好处：
山药能健脾益胃，帮助消化，对增强儿童免疫力也有很好的效果。

不要使用浓缩果汁，原汁原味的果汁最健康。

香椿芽拌豆腐

香椿要用开水烫一下，以去除对人体有害的硝酸盐。

用料：
嫩香椿芽 50 克
嫩豆腐 30 克
香油
盐

做法：
①嫩香椿芽洗净，用开水烫 5 分钟，挤出水分，切成细末。②把嫩豆腐盛盘，加入香椿芽末、盐、香油，拌匀即可。

 对宝宝的好处：
有助于增强机体免疫功能，使宝宝保持健康。

鲈鱼炖豆腐

用料：
去骨鲈鱼 1 条
豆腐 200 克
香菇 3 朵
姜片
盐

做法：
①将去骨鲈鱼洗净，切块；豆腐切块；香菇洗净，切两半。②将姜片放入锅中，加水烧开，加入豆腐、香菇、去骨鲈鱼，炖煮至熟，加盐调味即可。

 对宝宝的好处：
鲈鱼有益脾胃，有助于宝宝增强食欲。

如果宝宝喜欢，也可以将鲈鱼做成清蒸的。

菜花焯烫后，去除了生涩的味道，还能避免炒得过久，营养流失。

西红柿菜花

用料：
菜花1个
西红柿1个
豌豆30克
番茄沙司
水淀粉、白糖
盐

做法：
①菜花、西红柿洗净切块。②菜花、豌豆焯烫后捞出沥水。③油锅烧热，放入西红柿、菜花、豌豆翻炒数下，加入番茄沙司，翻炒均匀。④加水，中火煮至西红柿有点糊化的状态，转大火倒入水淀粉勾芡，加白糖和盐调味即可。

 对宝宝的好处：
促进肝脏解毒，增强体质和抗病能力。

苦瓜切片后，加少许盐拌匀，可减轻苦味。

苦瓜涨蛋

用料：
苦瓜1根
鸡蛋2个
盐

做法：
①鸡蛋打入碗中加盐搅匀；苦瓜洗净，去瓤切片。②油锅烧热后加鸡蛋炒熟盛出。③锅内倒一点油，加苦瓜炒熟，再倒入鸡蛋翻炒几下，加盐即可。

 对宝宝的好处：
苦瓜能健脾开胃，增进食欲，让宝宝夏天也能有好胃口。

空心菜炒肉

肉丝夹着爽脆的空心菜，宝宝吃着不会觉得油腻。

用料：
空心菜350克
猪肉丝200克
盐

做法：
①空心菜洗净，切段。②油锅烧热，放入猪肉丝翻炒至颜色变白，再入空心菜翻炒均匀，加盐调味即可。

 对宝宝的好处：
可增进肠道蠕动，防治宝宝便秘。

丝瓜炖豆腐

用料:
丝瓜100克
豆腐250克
葱花
盐
香油

做法:
①丝瓜洗净, 去皮, 切块; 豆腐洗净, 切块。②锅中加油后, 再加入适量水, 煮开后加入丝瓜块和豆腐块。③煮至食材烂熟时加少量盐、香油调味, 最后撒上葱花即可。

 对宝宝的好处:
补肝健胃、清热解毒, 特别适合给宝宝夏天食用。

可以选老豆腐来做汤, 不容易散。

胡萝卜炖牛肉

用料:
牛里脊肉 250 克
胡萝卜120 克
葱段
姜片
酱油
料酒
盐

做法:
①牛里脊肉、胡萝卜分别洗净、切块。②油锅烧热, 用葱段、姜片煸香, 先放入牛肉块煸炒, 再放入料酒、酱油、盐及适量水, 大火煮至汤沸。③改小火炖至牛肉八成熟, 投入胡萝卜炖熟即可。

 对宝宝的好处:
让宝宝身强体壮, 还能起到养护眼睛的作用。

牛肉用小火慢炖才香嫩, 宝宝嚼得更起劲。

西芹炒百合

用料:
百合 50 克
西芹 300 克
水淀粉
高汤
葱段
姜片
盐

做法:
①百合洗净, 掰成小块; 西芹洗净, 切段, 用开水焯一下。②油锅烧热, 放葱段、姜片煸炒几下, 加入百合、西芹继续翻炒。③加高汤、盐调味, 起锅前用水淀粉勾薄芡即可。

 对宝宝的好处:
增加宝宝的食欲, 特别适合夏天食用。

剥下鲜百合的鳞片, 撕去外膜, 用开水焯一下, 去除苦涩味。

鸡油小炒胡萝卜

用料：
胡萝卜1根
木耳1小把
黄彩椒1/4个
鸡油1小块
葱段
姜丝
盐

做法：
①木耳泡发备用。②将鸡油放入碗里，加葱段和姜丝，用一个盘子将碗盖上，放入蒸锅大火蒸至油析出。滤掉油渣和葱姜，备用。③将胡萝卜和木耳、黄彩椒切成细丝，炒锅里倒入鸡油烧热，放入葱段炒香，再放入胡萝卜丝炒至发软，加入木耳丝和黄椒丝翻炒。再加少许盐调味即可。

对宝宝的好处：
胡萝卜中丰富的维生素A能够调节新陈代谢、增强宝宝抵抗力。

清炖鸡汤上层凝冻的脂肪可以代替鸡油，但一定要保证鸡汤是新鲜的。

板栗烧黄鳝

用料：
黄鳝250克
板栗100克
蒜片
葱花
酱油
白糖
盐

做法：
①黄鳝去内脏，去骨，洗净，切段；板栗去壳，去皮，放入水中煮至八成熟。②油锅烧热，下葱花、蒜片爆香，加黄鳝、板栗翻炒，加适量水，加酱油、盐、白糖焖煮，汁浓黄鳝熟时即可。

对宝宝的好处：
DHA和卵磷脂有健脑益智的作用，能让宝宝变得更聪明。

为了方便宝宝食用，妈妈可以把黄鳝切丝。

洋葱炒鱿鱼

用料：
鲜鱿鱼 1 条
洋葱 100 克
青椒 20 克
盐

做法：
①鲜鱿鱼处理干净，切粗条，放入开水中氽烫，捞出；洋葱、青椒洗净，切段。
②油锅烧热，放入洋葱、青椒翻炒，然后放入鲜鱿鱼，加盐炒匀。

 对宝宝的好处：
健脾开胃，还能促进宝宝的生长发育。

鲜鱿鱼中有一种多肽，若未煮透就食用，会导致肠运动失调，因此鱿鱼一定要炒熟。

牛肉炒洋葱

用料：
牛肉 150 克
洋葱 25 克
鸡蛋清 1 个
水淀粉
酱油
白糖
盐

做法：
①牛肉洗净，切成丝；洋葱去皮，洗净，切成丝。②牛肉丝用蛋清、盐、酱油、白糖、水淀粉，搅拌均匀。③油锅烧热，放入牛肉丝、洋葱煸炒，调入酱油，加盐调味即可。

对宝宝的好处：
洋葱中所含的硒是人体必须的微量元素，生长发育中的宝宝更是不可缺少。

宝宝不宜在晚餐时吃含洋葱的菜，以免影响睡眠。

红烧狮子头

用料：
猪五花肉 150 克
荸荠
高汤
姜片
盐
白糖
水淀粉
酱油

做法：
①猪五花肉洗净，剁肉馅；荸荠洗净，去皮切碎。②以上两者混合，加盐、水淀粉搅匀，做成肉丸。③肉丸入油锅炸至表面金黄，再另起锅加入姜片、高汤炖煮。④加盐、白糖、酱油调味，小火煮至汁浓、食材全熟，用水淀粉勾芡后起锅。

 对宝宝的好处：
猪肉所含的优质蛋白，可满足宝宝生长发育的需要，并促进新陈代谢。

注意盐和酱油的用量，不能太咸了。

美味汤粥

土豆粥

原料：
大米 50 克
韭菜 30 克
土豆 30 克
姜丝
盐

做法：
①将韭菜洗净，切成小段；土豆去皮洗净，切成小块；大米淘洗干净，浸泡 30 分钟备用。②锅内加适量水，放入大米煮粥，八成熟时，放入土豆块、韭菜段、姜丝，再煮至粥熟，调入盐即可。

 对宝宝的好处：
韭菜能帮助宝宝开胃健脾，还能促进排便、防止便秘。

韭菜可以换成青菜，土豆也能换成山药，同样美味营养。

五谷黑白粥

用料：
小米 10 克
百合 10 克
大米 20 克
黑米 20 克
山药 20 克

做法：
①大米、小米、黑米洗净，大火煮开。
②山药去皮，切丁；百合洗净，泡水。
③米粥大火煮开后，放入山药丁、百合，转小火熬煮，约 30 分钟后即可。

 对宝宝的好处：
宝宝常吃此粥有滋阴润肺的作用，特别适合干燥的春秋季节。

百合性微寒，不宜给宝宝吃太多。

丝瓜粥

用料：
丝瓜 50 克
大米 40 克
虾皮

做法：
①丝瓜洗净去瓤，切成小块；大米洗净，用水浸泡 30 分钟，备用。②大米倒入锅中，加水煮成粥，快熟时，加入丝瓜块和虾皮同煮，烧沸入味即可。

 对宝宝的好处：
丝瓜与大米、虾皮同煮粥，可以让宝宝清热和胃。

丝瓜切开后易氧化变色，应减少放置的时间。

肉末菜粥

用料：
大米 40 克
瘦肉末 20 克
青菜 50 克

做法：
①大米洗净；青菜洗净，切碎。②油锅烧热，倒入瘦肉末翻炒，再加入适量盐。③将大米放入锅内，煮成粥后加入肉末和碎菜末，煮至菜熟为止。

 对宝宝的好处：
大米与猪肉、青菜同时做成粥，容易消化，便于宝宝吸收营养素。

一定要用瘦肉末熬粥，以免粥太过油腻。

一缕缕蛋花嫩滑适口，还能为宝宝补充蛋白质。

鸡蛋黄瓜汤

蛋白质 氨基酸 卵磷脂 维生素C

用料：
鸡蛋1个
黄瓜50克
盐

做法：
①黄瓜洗净，切片；鸡蛋打到碗里，搅匀。②锅内放油烧热后，倒入黄瓜片略炒，加水大火烧煮，烧开后加入蛋液、盐即可。

 对宝宝的好处：
蛋黄中的卵磷脂能促进大脑发育，宝宝常吃可健脑。

 芹菜最好连嫩叶一起食用。

奶酪蛋汤

维生素B₂ 蛋白质 氨基酸 卵磷脂

用料：
奶酪20克
鸡蛋1个
西芹100克
胡萝卜50克
高汤
面粉
盐

做法：
①西芹切小丁；胡萝卜去皮切小丁。②奶酪与鸡蛋打散，加些面粉；高汤烧开，加盐调味，淋入蛋液；撒上西芹、胡萝卜煮熟。

对宝宝的好处：
奶酪富含的维生素B₂可满足宝宝生长的需要，并有利于钙和铁的吸收。

加了柠檬片，汤味变得清新爽口。

柠檬排骨汤

蛋白质 钙 维生素

用料：
排骨150克
柠檬1个
盐

做法：
①排骨切块汆烫。②柠檬洗净，取半个切片。③锅中水烧开，放入排骨，大火煮20分钟，再转小火煲1小时，放入柠檬片，煲10分钟，下盐调味。

 对宝宝的好处：
可为宝宝提供充足钙质，促进骨骼生长。

莲藕薏米排骨汤

用料:
排骨 100 克
薏米 50 克
莲藕 1 节
醋
盐

做法:
①莲藕洗净,去皮,切薄片;薏米洗净;排骨洗净,氽水。②将排骨放入锅内,加适量的水,大火煮开后加醋,转小火煲1小时。③将莲藕、薏米全部放入,大火煮沸后,改小火煲 1 小时,加盐即可。

 对宝宝的好处:
丰富的钙质可维护宝宝的骨骼健康,强化宝宝的神经系统。

莲藕和排骨是营养好搭档,炖出的汤鲜美又滋补。

173

百宝豆腐羹

用料:
豆腐 1 块
鸡肉 10 克
春笋 10 克
香菇 1 朵
虾仁 5 克
菠菜 1 根
鸡汤 1 碗
盐

做法:
①鸡肉、虾仁剁成泥;香菇、春笋切丁;菠菜焯后切末;豆腐压泥。②鸡汤入锅,煮开后放入鸡肉、虾仁、香菇、春笋;再煮开后,放入豆腐和菠菜,加盐,小火收汤即可。

 对宝宝的好处:
虾仁中富含碘,蔬菜中富含维生素 C,有助于宝宝提高免疫力。

香菇和春笋是"山珍",虾仁是"海味",宝宝的营养更全面。

什锦鸭羹

用料:
鸭肉 50 克
香菇
春笋
盐

做法:
①将鸭肉洗净,切丁后氽水;香菇洗净,去蒂,切丁;春笋洗净,切丁。②锅中加水,放入鸭肉丁煮熟,再放入香菇丁、笋丁煮至熟烂,调入盐即可。

对宝宝的好处:
常食此羹能提高宝宝记忆力和注意力。

鸭肉能除热消肿、止咳化痰,适合容易上火的宝宝。

营养·主食

藏在肉泥饼中的洋葱，即使不爱吃洋葱的宝宝，也吃得很开心。

肉泥洋葱饼 　钙　铁　蛋白质

用料：
肉泥 20 克
面粉 50 克
洋葱
盐

做法：
①洋葱洗净切碎。②将面粉、肉泥、洋葱碎混合，加入少量盐和适量水，和成糊状。③油锅烧热，将碗内的肉糊倒入锅内，煎成小饼，慢慢转动，双面煎熟即可。

 对宝宝的好处：
肉泥洋葱饼可为宝宝补钙、补铁，还有健胃消食的功效。

花生小汤圆

用料:
花生米 10 粒
小汤圆 10 个

做法:
①花生米洗净后煮烂。②再用另一只锅煮汤圆至浮起。③将汤圆捞起,放入花生汤内。

 对宝宝的好处:
花生有促进脑细胞发育、增强记忆的功能。

帮宝宝用勺子将汤圆切成小块再吃。

紫菜包饭

用料:
糯米 100 克
鸡蛋 1 个
紫菜
黄瓜
胡萝卜
沙拉酱
醋

做法:
①黄瓜、胡萝卜洗净,切条;糯米洗净后蒸熟,倒入醋,拌匀;鸡蛋打散。②锅中将鸡蛋摊成饼,切丝。③将糯米平铺在紫菜上,再摆上黄瓜条、胡萝卜条、鸡蛋丝、沙拉酱,卷起切小段。

 对宝宝的好处:
不但能促进骨骼的生长,还能改善宝宝贫血。

有发热症状的宝宝不宜食用糯米。

三文鱼芋头三明治

用料:
三文鱼 30 克
芋头 30 克
西红柿 30 克
吐司面包 1 片
盐

做法:
①三文鱼洗净,蒸熟,捣成泥;西红柿洗净,切片。②芋头蒸熟,去皮捣成泥,拌入三文鱼泥,再加少许盐调味。③吐司面包切成三角形,将做好的三文鱼芋头泥涂抹在吐司上,加西红柿片,盖上另一半吐司。

 对宝宝的好处:
三文鱼中的虾青素,其所含的 ω-3 脂肪酸有助于增强宝宝的脑功能。

感冒、上火、有炎症的宝宝不宜吃三文鱼。

让宝宝将茄汁鸡肉拌入米饭中，享受自己动手的乐趣。

鸡肉茄汁饭 脂肪 维生素 碳水化合物

用料：

鸡肉 50 克
土豆 30 克
胡萝卜 30 克
洋葱 20 克
番茄酱
米饭

做法：

①鸡肉、胡萝卜以及洋葱均洗净切丁；土豆洗净去皮切丁。②油锅煸炒鸡丁，再把其余材料放入翻炒。③锅中加水，小火煮至土豆绵软；番茄酱用水搅拌均匀，倒入锅中。④将茄汁鸡肉淋在米饭上。

对宝宝的好处：

可补充热量和能量，让宝宝精力充沛。

有呼吸系统或消化系统疾病的宝宝不宜吃豌豆。

虾仁豌豆饭 蛋白质 钙 B族维生素

用料：

虾仁 100 克
豌豆 50 克
胡萝卜 50 克
山药 50 克
大米 50 克
盐
料酒

做法：

①虾仁清理干净，加入盐、料酒腌 15 分钟；豌豆洗净焯水；胡萝卜、山药洗净，切丁；大米洗净后浸泡 1 小时。②大米放入电饭煲中，加入适量水，虾仁、豌豆、胡萝卜、山药放在大米上，把饭煮熟即可。

对宝宝的好处：

能刺激宝宝食欲，让宝宝胃口好、不挑食。

五彩肉蔬饭 碳水化合物 蛋白质 维生素C

可以给容易便秘的宝宝多放些蔬菜。

用料：

大米 30 克
鸡胸肉 30 克
胡萝卜 20 克
鲜蘑菇 20 克
豌豆 10 克

做法：

①鸡胸肉切小丁；胡萝卜去皮，切粒；鲜蘑菇洗净，切碎；大米、豌豆均洗净。②鸡胸肉、胡萝卜、鲜蘑菇放到锅里，放入大米、豌豆，用电饭煲蒸熟。

对宝宝的好处：

既能给宝宝补充大量的碳水化合物，以增强体能，又可以补充丰富的维生素。

菠菜银鱼面

用料:
挂面 50 克
菠菜 30 克
银鱼 20 克
鸡蛋 1 个
盐

做法:
①菠菜过水焯烫,切段;鸡蛋打散;锅中加水煮沸,放入挂面煮 2 分钟。②放入菠菜段、银鱼,煮熟后淋入蛋液,煮至面条熟,加盐调味即可。

 对宝宝的好处:
不仅促进智力发育,还能增强宝宝的免疫力。

银鱼富含高蛋白,脂肪又低,是脾胃虚弱宝宝的最佳选择。

鱼香肉末炒面

用料:
挂面 50 克
猪肉末 30 克
玉米粒 30 克
洋葱 20 克
蒜末
盐、白糖
生抽、醋

做法:
①挂面放到滚水里煮熟,捞起晾凉;玉米粒煮熟;洋葱切丁。②油锅放蒜末炝锅,下入洋葱丁和肉末以及玉米粒,炒熟,加盐、白糖、醋和生抽调味后,放入面条焖熟。

 对宝宝的好处:
丰富的食材可为宝宝的成长添动力,玉米中的维生素 A 能使宝宝保持好视力。

蒜香味的肉末,甜糯的玉米粒,让面条变香甜。

香菇通心粉 碳水化合物 膳食纤维 蛋白质

用料:
通心粉 50 克
土豆半个
胡萝卜半根
香菇 2 朵
盐

做法:
①土豆去皮洗净,切丁;胡萝卜洗净,切丁;香菇洗净,切成片。②将土豆丁、胡萝卜丁、香菇片放入锅中,加水煮熟,捞出。③锅中加水烧开,放入通心粉,调入适量盐,煮熟捞出放入大盘中,再铺上土豆丁、胡萝卜丁、香菇片即可。

 对宝宝的好处:
通心粉可以为宝宝提供充足能量,香菇还能增强免疫力。

烹煮时加点盐,可以让通心粉变得又软又有弹性。

要想宝宝长得好，每天 捏脊 不可少

捏脊原称"捏脊骨皮"，是中医防治小儿疾病的推拿手法，距今已有1700多年的历史。目前，许多儿科医生都用这种方法治疗厌食、消化不良、易感冒等小儿常见病，越来越多的父母体验和见证了给宝宝捏脊的神奇之处。其实，捏脊完全可以由爸爸妈妈在家里给宝宝操作。

捏脊疗法治百病

简单地说，捏脊就是用双手拇指指腹和食指中节靠拇指的侧面在宝宝背部皮肤表面循序捏拿捻动的一种中医治病的方法。那么，捏脊都能治疗什么病呢？

胃肠疾病：宝宝脾胃薄弱，不知道饥饱，又喜欢吃甜食和油腻的食物，容易引起积食、消化不良、腹泻等胃肠疾病。这些疾病都可以通过捏脊来治疗。

呼吸系统疾病：宝宝易感冒、咳嗽，西医称为免疫力低下，中医则认为是小儿体内阴阳不调，卫外功能薄弱。捏脊通过刺激督脉和膀胱经，能调和阴阳，健脾理肺，从而能提高免疫力、减少呼吸系统感染。

夜啼、睡眠不安：中医古话讲"胃不和则卧不安"。捏脊能调理脾胃，使之正常运转，宝宝就不会出现腹胀、腹痛的现象，自然能睡个好觉。

遗尿、多汗：通过捏脊疗法可以刺激宝宝脊柱两侧的自主神经干和神经节，起到防遗尿、止汗的作用。

总之，常给宝宝捏脊，能让宝宝吃得好、睡得香、长得高，增强体质，提高免疫力。那么，为什么捏脊可以有这么多神奇的作用呢，原理是什么呢？

人体背部的正中为督脉，督脉的两侧均为足太阳膀胱经的循行路线。督脉为"阳脉之海"，总督全身阳经，可以振奋一身阳气。膀胱经是全身最长的经脉，五脏六腑的背俞都位于背部两侧的膀胱经上。因此，捏脊疗法通过拿捏这些部位，就可以起到疏通经络、调整脏腑、顺畅气血的作用，从而提高机体免疫功能，防治多种疾病。

多大的宝宝可以开始捏脊

中医认为，宝宝从半岁到9岁左右，都可以进行捏脊。不到半岁的宝宝，由于皮肤和身体各个部位都特别娇嫩，如果力度和手法掌握不好，都会给宝宝造成伤害，所以不建议爸爸妈妈在家给不到半岁的小宝宝捏脊。不过，爸爸妈妈可以经常轻柔地推揉或抚摸宝宝的后背，让宝宝感觉舒舒服服的，也能起到强身健体的作用。

9岁以上的儿童因为背肌较厚，不易提起，可能会因穴位点按不到位而影响疗效，不过，如果掌握好力度和手法，也完全可以进行捏脊。

按揉宝宝肾俞，可以起到缓解疲劳的作用。

捏脊的常用手法

捏脊其实很简单，对场地和操作者并没有特别高的要求，所以想给宝宝捏脊的爸爸妈妈不必担忧，只要熟练掌握了手法，就能达到满意的保健、治疗效果。

推法：用双手食指第二、三节的背侧，紧贴着宝宝背部皮肤，自下而上，匀速地向前推。

捏法：在推法的基础上，双手拇指与食指相互合作，将宝宝背部的皮肤捏拿起来。

捻法：将宝宝皮肤捏拿起来时，拇指和食指相互合作，向前捻动宝宝的皮肤，一边移动捏脊的部位，一边左右双手交替进行。向前捻动时，不要偏离督脉的位置。

提法：在捏脊的过程中，可捏住肌肉向上提，再稍稍放松，使肌肉自指间滑脱，这种做法称为"提法"。每捏3次提1次的，称为"捏三提一法"；每捏5次提1次的，称为"捏五提一法"；也可只捏不提。

放法：在进行完前几种手法后，随着捏拿部位的向前推进，皮肤自然恢复到原状的一种必然结果。

按揉法：在捏脊结束后，用双手拇指指腹在宝宝腰部的肾俞（第2腰椎棘突下，左右2横指处）处，揉动并适当地向下按。

🐾 捏脊时的注意事项

时机：捏脊在早晨起床后或晚上临睡前进行，疗效较好。每次捏脊时间不宜太长，以3~5分钟为宜。

温度：捏脊时室内温度要适中，捏脊者的指甲要修整光滑，手部要温暖。

手法：开始做时手法宜轻巧，以后逐渐加重，使宝宝慢慢适应。捏脊时要捏捻，不可拧转。捻动推进时，要直线向前，不可歪斜。捏脊时最好不要中途停止。

🐾 怎样给宝宝捏脊

一般来说，一套系统的捏脊需要在宝宝背部捏拿6遍。最好在宝宝早晨起床后或晚上临睡前进行捏脊，疗效较好。

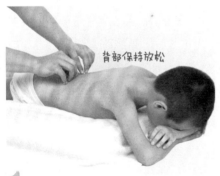

1. 让宝宝脱去上衣，俯卧在床上，背部保持平直、放松。妈妈（或爸爸）站在宝宝后方，双手中指、无名指和小指握成半拳状。

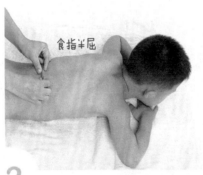

2. 食指半屈，用双手食指与拇指对捏，提起宝宝的皮肤。

3. 双手交替，沿脊柱两侧自长强（尾骨端与肛门连线中点处）向上边推边捏边放，一直推到大椎，为捏脊1遍。第2、3、4遍仍按前法捏脊，但每捏3下需将背部皮肤向上提1次。最后再重复第1遍的动作2遍，共6遍。

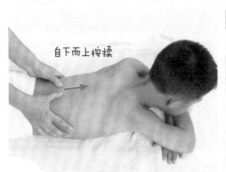

4. 用双手拇指分别自下而上按揉脊柱两侧3~5次。

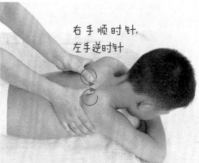

🍃 不是所有宝宝都适合捏脊

虽然捏脊适应范围比较广泛，但也不是所有的宝宝都适合捏脊。因为捏脊疗法是作用于宝宝的背部，所以背部有疾患的宝宝不适合捏脊。除此之外，还有一些宝宝不适合捏脊，主要有以下几种情况。

1. 宝宝患有比较严重的心脏病时，捏脊会让宝宝哭闹，可能会加重病情甚至出现意外，所以，不要给这类宝宝捏脊。

2. 如果宝宝患有某些先天性神经系统疾病，出现明显智力低下，就不适合捏脊。这是因为这类宝宝先天经络发育不健全，运用经络方法治疗效果并不明显。

3. 宝宝患有出血性疾病，可能会因捏脊加重出血症状，所以也不适合捏脊。

4. 宝宝患有麻疹、肺炎、菌痢等疾病时，不宜进行捏脊，可以等宝宝痊愈后再做捏脊保健。

捏脊时如果宝宝哭闹，就要重视是不是宝宝不适合捏脊，或者捏脊的手法、力度不正确。

PART 3

吃对饭，
为宝宝的健康加分

第一章

每个妈妈都用得上的调养菜单

🍲 补钙：强骨壮身体

钙对宝宝最重要的作用就是促进骨骼生长，此外，还可以使宝宝牙齿更坚固。牛奶、鸡蛋、豆制品都是优质的补钙食品。另外，坚果也是钙源丰富的食物。海产品如鱼、虾皮、虾米、海带、紫菜等含钙量也较高。妈妈可以适当地让宝宝多吃这些含钙丰富的食物。

`7 个月以后`

蛋黄可以根据宝宝具体情况，酌情加减。

牛奶蛋黄青菜泥 `钙` `蛋白质` `卵磷脂`

用料：
熟鸡蛋黄半个
配方奶 50 毫升
青菜汁
米汤

做法：
锅内加适量水，放入熟鸡蛋黄、配方奶、青菜汁、米汤，边搅边煮，煮开即可。

 对宝宝的好处：
奶是人体钙的最佳来源，而且其中钙和磷比例非常适当，利于钙的吸收。

`1 岁以后`

丝瓜性寒，咳嗽痰多的宝宝不宜吃，以免症状加重。

虾皮丝瓜汤 `钙` `锌` `碘` `维生素A`

用料：
丝瓜1根
虾皮 10 克
紫菜
香油
盐

做法：
①丝瓜去皮洗净，切成片。②将炒锅加热，倒入油，烧热后加入丝瓜片煸炒片刻，加适量水，煮沸后加入虾皮、紫菜，小火煮 2 分钟左右，加盐，滴几滴香油，盛入碗内即可。

对宝宝的好处：
促进宝宝骨骼和牙齿的生长发育，还可以为宝宝解暑开胃。

虾肉冬蓉汤

用料:
鲜虾 6 只
冬瓜 100 克
鸡蛋 1 个
姜片
盐
香油

做法:
①鲜虾取虾仁。②将冬瓜洗净,去皮、去瓤,切小粒,放入锅中,加水、虾肉、姜片煲至食材熟。③冬瓜汤中加盐、香油调味,淋入蛋液稍煮即成。

 对宝宝的好处:
此款汤富含钙和维生素,还能为宝宝提供热量。

1 岁以后

做冬瓜时不宜加醋,以免降低营养价值。

海米冬瓜汤

用料:
冬瓜 50 克
海米 30 克
高汤
盐

做法:
①海米用水洗一下,泡 15 分钟;冬瓜洗净,去皮,切成薄片。②锅内加入高汤,大火煮沸,加入冬瓜片、海米、盐,煮熟即可。

 对宝宝的好处:
不仅有利于宝宝补钙,还能增强宝宝的食欲。

2 岁以后

泡海米的水营养丰富,可用于烹制其他菜肴。

香菇鸡片

用料:
鸡胸肉 150 克
香菇 4 朵
红甜椒 50 克
姜片
盐
香油
高汤

做法:
①香菇、红甜椒、鸡胸肉分别洗净切片。②油锅烧热,放入鸡胸肉炒至变色,盛出。③另起油锅,煸香姜片,放香菇片和红甜椒片翻炒,炒软放入高汤烧开,再放盐,倒入鸡片,再次翻炒,大火收汁。

 对宝宝的好处:
香菇和鸡肉同食,既能补钙,还能提高宝宝的免疫力。

2 岁以后

若放点木耳,颜色搭配更好看,营养更全面。

补铁：预防宝宝贫血

铁是人体必需的微量元素之一，是婴幼儿生长发育与保持健康的重要营养素。缺乏铁元素最直接的危害就是造成宝宝缺铁性贫血，表现为疲乏无力、面色苍白、皮肤干燥、指甲条纹隆起，易患口角炎、舌炎等。

动物肝脏、牛肉、瘦肉、鸭血、虾、菠菜、紫菜、木耳等食物中含有丰富的铁。另外，尽量荤素食物搭配着吃，因为富含维生素 C 的食物能促进铁的吸收。

8 个月以后

猪瘦肉出油少，做出的南瓜肉末不会太油腻。

南瓜肉末   铁 蛋白质 维生素 B₁

用料：
南瓜 50 克
猪肉末 20 克
水淀粉
橄榄油

做法：
①南瓜洗净，切丁，放碗内蒸熟。②油锅烧热，放入猪肉末炒熟，用水淀粉勾芡，然后连肉末带汤淋在南瓜上即可。

对宝宝的好处：
能改善宝宝的缺铁性贫血症状，还能让宝宝长得更壮。

9 个月以后

烹调鸡肝的时间不能太短，完全煮熟了才能给宝宝食用。

鸡肝粥   铁 蛋白质 卵磷脂

用料：
大米 30 克
鸡肝 25 克

做法：
①鸡肝洗净，煮熟后切末；大米淘净，浸泡 30 分钟。②将大米入锅，加水煮粥，熟后加入鸡肝末煮熟即可。

对宝宝的好处：
鸡肝是最常用的补铁食物，可改善贫血宝宝的贫血症状。

三色肝末

用料:
鸡肝 25 克
胡萝卜半根
西红柿半个
洋葱半个
菠菜 1 棵
高汤

做法:
①鸡肝洗净,氽水后切碎;胡萝卜、洋葱洗净切丁;西红柿焯水,去皮,切碎;菠菜洗净,焯水,切碎。②鸡肝末、胡萝卜丁、洋葱丁放入锅内,加入高汤煮熟,最后加入西红柿、菠菜稍煮即可。

 对宝宝的好处:
三色肝末含铁、维生素 A、维生素 B_2、维生素 D 等,适合贫血的宝宝食用。

9 个月以后

可以将搭配的蔬菜换成宝宝喜欢的其他品种。

鸭血菠菜豆腐汤

用料:
豆腐 1 小块
鸭血 1 小块
菠菜
盐

做法:
①鸭血、豆腐洗净,分别切成小块;菠菜洗净焯水,切段。②锅内放适量水,放入鸭血、豆腐、盐同煮,10 分钟后加菠菜段略煮即可。

 对宝宝的好处:
平时适当给宝宝吃些鸭血,有利于防治缺铁性贫血。

2 岁以后

鸭血浆蛋白被吸收后,能分解出一种解尘毒的物质,帮助宝宝抵御雾霾。

牛肉炒菠菜

用料:
牛里脊肉 50 克
菠菜 200 克
干淀粉
葱末
姜末
盐

做法:
①牛里脊肉切薄片,用干淀粉、姜末腌制;菠菜洗净焯烫沥干,切段。②姜末、葱末入油锅煸炒,再放入牛肉片,大火快炒后取出;再将余油烧热后,放入菠菜、牛肉片,大火快炒几下,放盐调味即可。

 对宝宝的好处:
牛肉和菠菜都是含铁丰富的食物,牛肉还具有补脾胃的功效,保障宝宝肠胃健康。

2 岁以后

无法嚼烂牛肉的宝宝可以喝牛肉菠菜汤。

补锌: 保证生长发育

锌缺乏对宝宝的味觉系统有不良的影响，会导致味觉迟钝及食欲缺乏，甚至出现口味异常，影响生长发育。锌缺乏的宝宝还会出现皮肤粗糙干燥、头发易断没有光泽、创伤愈合比较慢等症状。

海产品中牡蛎、鱼类含锌量较高；瘦肉、猪肝、牛肉、鸡肉、鸡蛋等也含一定量的锌；另外，豆类、坚果等都是补锌的好食品。

6 个月以后

可以去掉葱花，同样美味。

胡萝卜西红柿汤 锌 胡萝卜素

用料:
胡萝卜半根
西红柿半个
葱花
高汤

做法:
①胡萝卜洗净，切片；西红柿洗净，去皮，切块。②锅中倒入少许高汤，放入胡萝卜片和西红柿块，用大火煮开，煮熟时撒上葱花即可。

对宝宝的好处:
西红柿有清热解毒的作用，所含胡萝卜素及矿物质是缺锌补益的佳品，对宝宝缺锌、疳积有一定疗效。

1 岁以后

妈妈喂食时，须将栗子、红枣捣烂喂给宝宝。

栗子红枣羹 锌 维生素 钙 磷

用料:
栗子 5 颗
红枣 5 颗
大米 50 克

做法:
①将栗子去壳、洗净，煮熟之后去皮；红枣泡软后去核；大米洗净。②锅内放入大米，加入适量水，煮至米熟后放入栗子、红枣，烧沸后改小火煮 5 分钟。

对宝宝的好处:
栗子搭配红枣不但可以提高宝宝的免疫力，还能让宝宝的大脑更灵活。

鸡肝菠菜汤

用料:
鸡肝 50 克
菠菜 2 棵
盐

做法:
①将鸡肝洗净,切片;菠菜洗净切小段,焯水后捞出沥水。②锅内加水,烧沸后下入鸡肝片,烧开后撇去浮沫,放入菠菜段,再烧开后,加入盐调味即可。

 对宝宝的好处:
鸡肝中的含锌量比较多,并且鸡肝中蛋白质分解后所产生的氨基酸还能促进锌的吸收,能够防止宝宝缺锌。

1 岁以后

如果宝宝喜欢凉拌菜,可以做鸡肝拌菠菜给宝宝吃。

肝菜蛋汤

用料:
鲜猪肝 200 克
菠菜 100 克
鸡蛋 1 个
高汤
葱末
姜末
盐

做法:
①鲜猪肝切片;菠菜切段焯烫;鸡蛋搅匀。②油锅烧热,煸香葱末和姜末,加猪肝片煸炒一下,倒入高汤和盐,将猪肝片煮熟。③把菠菜段和鸡蛋液倒入锅中煮熟即可。

 对宝宝的好处:
猪肝、鸡蛋中都含有微量元素锌,可促进宝宝智力和身体的发育。

1.5 岁以后

猪肝也能与青椒搭配同炒,营养、口味各不相同。

胡萝卜牛肉汤

用料:
牛肉 100 克
胡萝卜半根
西红柿 2 个
盐

做法:
①牛肉汆水后切小块;西红柿洗净,去皮切丁;胡萝卜洗净切丁。②将牛肉块、西红柿丁放入锅中,加水大火煮开后炖 10 分钟,转小火炖 1 个小时。加胡萝卜丁炖至软烂,加盐即可。

 对宝宝的好处:
牛肉所含的锌是有助于合成蛋白质、促进肌肉生长,锌与谷氨酸盐和维生素 B_6 共同作用,能增强宝宝的免疫力。

2 岁以后

用高压锅将牛肉炖得酥嫩,更适合宝宝吃。

第一章 每个妈妈都用得上的调养菜单

189

🥄 补碘：智力发育的保障

碘的生理功能主要通过甲状腺激素表现出来，不仅对调节机体新陈代谢不可或缺，对机体的生长发育也非常重要。婴儿期的宝宝缺碘，会引起克汀病（一种呆小症），其表现为智力低下，听力、语言和运动障碍，身材矮小，上半身比例大，皮肤粗糙干燥等。幼儿期缺碘，则会引发甲状腺肿大。

宝宝 1 岁以后，饮食中要坚持用合格碘盐，并适当食用一些富含碘的天然食品，如海带、紫菜、海鱼、虾等。

1 岁以后

紫菜性寒，可以适量搭配一些肉类。

紫菜虾皮豆腐 碘 磷 铁 钙

用料：
紫菜 30 克
豆腐 150 克
虾皮
香油
盐

做法：
①将豆腐洗净，切小块。②锅中倒油烧热，放入虾皮炒香，倒入水烧开。③放豆腐、紫菜煮 2 分钟，最后加入盐和香油调味即可。

对宝宝的好处：
紫菜是补碘的好材料，对增强宝宝的记忆力有一定作用。

1.5 岁以后

鲜黄花菜含有秋水仙碱，易引起咽喉发干、呕吐，不宜给宝宝食用。

大米香菇鸡丝粥 碘 维生素 碳水化合物

用料：
鸡肉 50 克
大米 50 克
干黄花菜 10 克
香菇 3 朵

做法：
①干黄花菜泡发后洗净，香菇洗净切丝。②鸡肉洗净，切丝，大米淘净。③将大米、黄花菜、香菇放入盛有适量水的锅内煮沸，再放入鸡丝煮至粥熟。

对宝宝的好处：
大米香菇鸡丝粥中维生素、碳水化合物含量丰富，其中富含的碘可促进宝宝身体的新陈代谢。

虾仁炒豆腐

  碘　维生素　碳水化合物

1.5 岁以后

虾仁不宜与葡萄、山楂同食，以免出现不适症状。

用料：
虾仁 50 克
豆腐 1 块
葱花
姜末
蒜末
干淀粉
料酒
盐

做法：
①虾仁洗净，用料酒、葱花、姜末、蒜末及干淀粉调成味汁浸好，切丁；豆腐洗净，切丁。②油锅烧热，倒入虾仁，大火快炒几下，放入豆腐丁，继续翻炒，加盐调味，炒至豆腐熟透。

 对宝宝的好处：
宝宝常吃虾仁可促进身体生长发育。

荠菜鱼片

碘　钾　钙　蛋白质

1.5 岁以后

不宜加蒜、姜，以免破坏荠菜本身的清香味。

用料：
荠菜 50 克
黄鱼肉 100 克
水淀粉
高汤
盐
白糖
料酒

做法：
①荠菜洗净切碎；黄鱼肉切片，用料酒、盐腌 10 分钟。②油锅烧热，放入鱼片，断生时取出。③锅内留底油加入荠菜略炒，加高汤、盐、白糖，烧开后投入鱼片，加水淀粉勾芡。

 对宝宝的好处：
鱼肉中的碘有促进宝宝肌肉发育及身高、体重增长的作用。

凉拌海带豆腐丝

碘　磷　钙

2 岁以后

宝宝若不喜欢凉拌，也可以炒着吃。

用料：
海带丝 100 克
豆腐丝 50 克
葱丝
蒜蓉
盐
香油

做法：
①海带、豆腐丝洗净，切段。②海带放沸水中焯一下。③将海带丝、豆腐丝摆盘，加入葱丝、蒜蓉拌匀，再加盐调味，最后淋上香油。

 对宝宝的好处：
海带中磷、碘含量丰富，宝宝常吃，可促进大脑发育。

这样吃宝宝更聪明

宝宝自出生以后，虽然大脑细胞的数量不再增加，但脑细胞的体积不断增加，功能也日趋成熟和复杂化。如果能在这个时期供给宝宝足够的营养素，将对宝宝的大脑发育和智力发展起到重要的作用。因此，爸爸妈妈应尽量为宝宝选择一些益智健脑的食品，如鱼、虾、核桃、黑芝麻、豆制品等。

10 个月以后

常吃鳕鱼，对宝宝的视力发育也非常有益。

清烧鳕鱼

用料：
鳕鱼肉 80 克
姜末
葱花

做法：
①鳕鱼肉洗净、切小块，用姜末腌制。
②将鳕鱼块入油锅煎片刻，加入适量水；加盖煮熟，撒上葱花即可。

 对宝宝的好处：
鳕鱼含有丰富的卵磷脂，可增强记忆、思维和分析能力，是促进宝宝智力发育的首选食物之一。

1 岁以后

大颗的核桃仁、花生米可以捣碎后再放入锅中煮。

核桃粥

用料：
核桃仁 2 个
红枣 2 枚
花生米 14 粒
大米 50 克

做法：
①核桃仁放入温水中浸泡 30 分钟；红枣洗净去核；花生米洗净，用温水浸泡 30 分钟。②大米淘洗干净，用冷水浸泡 30 分钟后下锅，大火烧开转小火；放入核桃仁、红枣、花生米熬至软烂即可。

 对宝宝的好处：
宝宝常吃此粥可以促进大脑发育，提高智力水平。

肉末番茄豆腐

用料：

嫩豆腐 100 克
瘦肉末 20 克
番茄酱 10 克
水淀粉
蒜泥
葱花
盐

做法：

①将嫩豆腐切成小丁。②油锅烧热后炒瘦肉末；炒锅加底油炒葱花、蒜泥和番茄酱。③下入肉末和豆腐丁略炖，最后加盐，用水淀粉勾芡。

 对宝宝的好处：

豆腐中谷氨酸含量丰富，它是大脑赖以运转的重要物质，宝宝常吃有益于大脑发育。

1 岁以后

只能放一点点蒜泥，以免刺激宝宝娇嫩的口腔黏膜。

黑芝麻花生粥

用料：

黑芝麻 20 克
花生 20 克
大米 20 克
冰糖

做法：

①大米洗净；黑芝麻炒香；花生洗净，浸泡 10 分钟。②将大米、花生一同放入锅内，加水煮至大米、花生熟透。③出锅时加入炒香的黑芝麻，再用冰糖调味即可。

  对宝宝的好处：

花生、黑芝麻都是益智食物，宝宝常吃会让思维变得清晰、大脑反应更快。

1.5 岁以后

喜欢清淡口味的，可以不放冰糖。

松仁海带

用料：

松仁 20 克
海带 50 克
高汤
盐

做法：

①松仁洗净；海带洗净，切成细丝。②锅内放入高汤、松仁、海带丝，用小火煨熟，加入盐即可。

 对宝宝的好处：

松仁营养丰富，具有促进细胞发育、损伤修复的功能，是宝宝补脑健脑的保健佳品。

2 岁以后

烹制前应浸泡海带半小时，时间也不要过长，以免水溶性的营养物质流失过多。

吃着吃着胃口就好了

造成宝宝食欲不好的原因很多，主要包括精神紧张、劳累、胃动力减弱（胃内食物难以及时排空）等。可以从以下几个方面解决宝宝食欲低下问题：三餐定时、定量，切忌暴饮暴食；多带宝宝去户外活动，多呼吸新鲜空气；饮食上强调种类多样化，避免单调重复，注意掌控食物的色香味形，做到干稀搭配、粗细搭配，多吃一些西红柿、白萝卜、山楂等促消化的食物。另外，餐前禁用各类甜食或甜饮料。

10 个月以后

蘑菇配西红柿，鲜香美味，宝宝吃一口，胃口就打开了。

蘑菇西红柿汤 蛋白质　氨基酸　矿物质

用料：
蘑菇 3 朵
西红柿 1 个
香菜

做法：
①蘑菇洗净后焯水，切片；西红柿洗净，去皮，切成片。②锅内放入高汤，烧开后放蘑菇片和西红柿片同煮，然后加香菜调味即可。

 对宝宝的好处：
蘑菇西红柿汤营养丰富，味道鲜美，有开胃消食的功效。

1 岁以后

给宝宝食用的泡菜不宜腌太久，1 天左右为宜。

白萝卜泡菜 维生素C　钾　钠

用料：
白萝卜 1 个
黄瓜 1 条
生姜 1 小块
白糖
盐
醋

做法：
①白萝卜去皮切条；生姜刨丝或切条；黄瓜洗净切条。②将白糖、盐、醋按 1:1:2 的比例调匀，再加适量水，将白萝卜、黄瓜、生姜放到玻璃瓶或瓦罐中腌起来即可。

 对宝宝的好处：
白萝卜具有理气开胃的功效，白萝卜泡菜口味酸甜，可以改善宝宝的胃口。

糖醋胡萝卜丝

用料:
胡萝卜半根
白糖
醋
盐

做法:
①将胡萝卜洗净,切成细丝,放入碗内,加盐拌匀,腌制10分钟。②再将胡萝卜丝用水洗净,挤去水分,放入盘内,用白糖、醋拌匀即成。

 对宝宝的好处:
糖醋胡萝卜丝清爽脆嫩,甜酸适口,能提高宝宝的食欲。

2岁以后

胡萝卜中还含有丰富的膳食纤维,可加强肠道的蠕动,达到预防宝宝便秘的效果。

山楂六神曲粥

用料:
山楂2个
六神曲15克
大米50克

做法:
①六神曲捣碎;将山楂洗净,去核,切片;大米淘洗干净。②将大米、六神曲、山楂一同放入锅内,煮成粥即可。

 对宝宝的好处:
山楂六神曲粥适用于宝宝食欲缺乏、消化不良等症状。

2岁以后

山楂酸甜可口,可促进胃酸的分泌,增强宝宝食欲。

鸡内金粥

用料:
鸡内金1个
大米50克

做法:
①鸡内金处理干净,在锅内烘干,研末。②大米淘洗干净,加水煮粥,待粥成后加入鸡内金末,继续煮5分钟即可。

 对宝宝的好处:
鸡内金粥消食力强,且能健运脾胃,可治一切饮食积滞,是健胃消食的理想食物。

3岁以后

鸡内金研末拌入粥中给宝宝食用比煎服的效果更好。

宝宝皮肤更白嫩

　　小宝宝的皮肤细腻娇嫩，每个人都忍不住想要亲两口。想让宝宝拥有白白嫩嫩的皮肤，妈妈在孕期要相对多吃水果，等宝宝添加辅食以后也要给宝宝吃一些草莓、苹果、黄瓜、梨、西红柿、西蓝花等富含维生素 C 的水果和蔬菜，能有效减少黑色素沉淀。

11 个月以后

西米要逐渐加入，且需要不断搅拌，否则容易结成块.

牛奶草莓西米露

用料：
西米 100 克
牛奶 250 毫升
草莓 3 个
白糖

做法：
①将西米放入沸水中煮到中间剩下个小白点，关火焖 1 分钟。②将焖好的西米加入牛奶一起冷藏半小时。③把草莓洗净切块，和牛奶西米拌匀，加入适量的白糖调味即可。

 对宝宝的好处：
牛奶草莓西米露中的营养丰富，且西米能增强宝宝皮肤弹性。

2 岁以后

咀嚼能力差的宝宝，可将苹果丁换成香蕉丁.

水果蛋糕

用料：
面粉 50 克
鸡蛋 1 个
苹果 30 克
梨 30 克
黄油
白糖

做法：
①苹果和梨分别切碎，备用。②黄油化开，加白糖，边搅拌边加入鸡蛋，搅成白色稠糊状。③加入面粉，搅成面糊；加入切碎的苹果、梨。④面糊倒进模具中，上锅隔水蒸熟即可。

 对宝宝的好处：
水果蛋糕含有丰富的 B 族维生素和维生素 C，能保护皮肤健康，让宝宝气色好。

银耳梨粥

用料：

大米 30 克
梨 1 个
银耳 2 大朵

做法：

①银耳泡发洗净，撕小朵；梨洗净，去皮去核，切小块；大米淘洗干净，浸泡 30 分钟。②将大米、银耳、梨一同放入锅中，同煮至米烂汤稠即可。

 对宝宝的好处：

银耳富有天然胶质，可以滋润宝宝皮肤，还能改善秋燥导致的皮肤干燥、过敏等。

1 岁以后

烧煮银耳时，须将银耳煮至浓稠状。

黄瓜卷

用料：

黄瓜 200 克
香菇 4 朵
胡萝卜 30 克
冬笋 30 克
盐
香油

做法：

①胡萝卜、香菇、冬笋洗净切丝，入沸水焯熟，捞出沥干。②黄瓜切断，切取瓜皮。③胡萝卜丝、香菇丝、冬笋丝用盐、香油拌匀，腌 15 分钟后卷入黄瓜皮中即可。

 对宝宝的好处：

黄瓜卷含有维生素 C、维生素 E 等，可以保证宝宝的营养均衡，保持好气色。

2 岁以后

黄瓜最好不要与花生一起吃，易引起腹泻。

西蓝花烧双菇

用料：

西蓝花 100 克
白蘑菇 5 朵
香菇 5 朵
蚝油
水淀粉
盐

做法：

①西蓝花洗净掰成小朵；白蘑菇、香菇洗净，切成片。②锅内放蚝油烧热后，再放入西蓝花、白蘑菇片、香菇片翻炒，炒熟后放入盐调味。③出锅前，用水淀粉勾芡即可。

 对宝宝的好处：

西蓝花中丰富的维生素有助于保持皮肤弹性，使宝宝的皮肤更健康。

2 岁以后

西蓝花炒或炖煮的时间不宜过长，否则会使一些营养成分流失。

吃出来的好视力

　　宝宝视力不好，有的是后天造成的，也有的是先天原因造成的。为了让宝宝获得好视力，除了帮助宝宝平时注意保护眼睛外，经常给宝宝吃些有益于眼睛健康的食品，对明目也能起到很大的作用。有助于明目的食物有：含维生素A的食物，含胡萝卜素的食物，含核黄素的食物，如胡萝卜、菠菜、鸡肝、鸡蛋、海鱼等。忌食辛辣刺激性食物、温热类的食物以及油腻厚味类食物。

1岁以后

老豆腐不易碎，适合炒制。

花样豆腐

磷脂　蛋白质　铁　钙

用料：
豆腐50克
鸭蛋黄1个
青菜2棵
盐

做法：
①豆腐切成小块，青菜切碎；蛋黄压成泥。②油烧至八成热，倒入蛋黄泥炒散，放入豆腐块炒熟，再下入青菜末炒熟，加盐即可。

 对宝宝的好处：
花样豆腐中的营养成分能促进宝宝眼睛的正常发育。

1岁以后

在烹饪时，胡萝卜接触到油脂，能充分发挥它的保健功效。

胡萝卜瘦肉汤

胡萝卜素　蛋白质　钙

用料：
胡萝卜100克
猪瘦肉50克
高汤
盐

做法：
①猪瘦肉洗净，切丁，汆水；胡萝卜洗净，切成小块。②油锅烧热，加入猪瘦肉炒至六成熟，然后加入胡萝卜块同炒，倒入高汤，小火煮至熟烂，加盐调味即可。

 对宝宝的好处：
胡萝卜中的胡萝卜素能在人体内转变为维生素A，维生素A有保护眼睛的作用。

菠菜肉丸汤

用料:
猪肉 100 克
菠菜 50 克
鸡蛋 1 个
高汤
盐

做法:
①菠菜洗净,切段,焯水;鸡蛋打开,取蛋清;猪肉洗净,剁细成馅后与鸡蛋清混合,搅拌均匀后挤成小丸子。②锅中倒入高汤,煮沸后,放肉丸,20 分钟后,放入菠菜段略煮即可。

 对宝宝的好处:
菠菜含有胡萝卜素,可保护上皮组织和眼睛,让宝宝的眼睛更明亮。

1 岁以后

煮菠菜不宜时间过长,防止营养流失。

鸡肝绿豆粥

用料:
鸡肝 15 克
绿豆 10 克
大米 30 克

做法:
①鸡肝浸泡,洗净,氽水后切碎;绿豆洗净,浸泡 1 小时;大米淘洗干净。②将大米、绿豆放入锅中,加适量水,大火煮沸,放入鸡肝,同煮至熟即可。

 对宝宝的好处:
促进宝宝牙齿和骨骼的发育,还能为宝宝的视力发育提供良好的帮助。

1 岁以后

浸泡后的绿豆才容易煮软烂。

鳗鱼饭

用料:
鳗鱼 150 克
笋片 50 克
青菜 80 克
米饭 100 克
高汤
白糖
料酒
酱油
盐

做法:
①鳗鱼洗净切块,放入盐、料酒、酱油腌制半小时。②烤箱预热到 180℃,将鳗鱼烤熟。③笋片、青菜放入油锅中略炒,放入烤好的鳗鱼,加高汤、酱油、白糖焖煮,待汤汁收干,浇在米饭上即可。

 对宝宝的好处:
常吃鳗鱼可以提高宝宝的视力。

2.5 岁以后

鳗鱼为发物,感冒的宝宝不宜吃。

给宝宝一头浓密黑发

头发的生长需要大量的营养供应，饮食与头发的营养自然就有了直接的关系。各种营养素供应全面才能保持头发的活力和健美。头发的营养由头皮毛细血管供应，头发所需最多的营养素是蛋白质。想要宝宝拥有一头浓密的头发，就要调理好宝宝的饮食，给宝宝多吃一些富含蛋白质的食物，如鱼、虾、奶、蛋、黑芝麻、花生等。

1岁以后

一定要将花生红枣汤中的花生煮得透烂。

花生红枣汤

用料：
红枣 5 颗
花生 20 克
红豆 30 克

做法：
①将花生、红豆洗净，用水浸泡；红枣洗净，剔去枣核。②锅加入水、红豆、花生，用大火煮沸后，改用小火煮至半熟，再加入红枣煮至熟透即成。

 对宝宝的好处：
花生红枣汤中的营养物质可促进宝宝牙齿、骨骼正常生长，有助于宝宝的头发生长，让宝宝的头发更加乌黑亮泽。

1岁以后

黑芝麻、核桃仁研磨得越细，冲调出来口感越好。

黑芝麻核桃糊

用料：
黑芝麻 30 克
核桃仁 30 克

做法：
①将黑芝麻去杂质，入锅，微火炒熟出香，趁热研成细末；将核桃仁研成细末，与黑芝麻末充分混匀。②用沸水冲调成黏稠状，稍凉后即可给宝宝服食。

 对宝宝的好处：
黑芝麻作为食疗品，有益肝、养血、润燥、乌发作用，是宝宝极佳的养发食品。

鸡肝拌菠菜

用料:
菠菜3棵
鸡肝50克
海米
醋
盐

做法:
①菠菜洗净切段，焯后沥水；鸡肝洗净，切薄片，入沸水中煮透。②将菠菜放入碗内，上面放上鸡肝片、海米，再适量放上盐、醋调味，搅拌均匀即可。

 对宝宝的好处:
菠菜是维生素A和维生素C的最佳来源，这两种维生素是机体合成脂肪的必需成分，而由毛囊分泌的油脂则是天然的护发素。

1岁以后

如果宝宝的牙齿还不够多，可将猪肝拌菠菜剁碎，再喂给宝宝。

清蒸大虾

用料:
大虾6只
葱段
姜片
高汤
料酒
醋
香油

做法:
①大虾洗净，去壳和虾线。②将大虾摆在盘内，加入料酒、葱段、姜片和高汤，上笼蒸10分钟左右，拣去姜片。③用醋和香油兑成汁，供蘸食。

 对宝宝的好处:
宝宝常吃大虾既可补钙，还有利于长出浓密、乌黑的头发。

1.5岁以后

虾不宜与含有鞣酸的水果同吃，否则易引起不适。

麻酱油麦菜

用料:
油麦菜2棵
芝麻酱
蒜末
盐

做法:
①油麦菜洗净，切段，入沸水中烫熟。②芝麻酱加水稀释，用筷子沿一个方向搅拌，加盐调味。③调好的芝麻酱淋在油麦菜上，撒蒜末。

 对宝宝的好处:
芝麻酱中卵磷脂含量很高，可促进宝宝头发生长。

2岁以后

芝麻酱还可以拌焯熟的豇豆，豇豆中富含B族维生素，对宝宝头发的生长也有帮助。

让宝宝笑出一口健康牙齿

俗话说，牙好，胃口就好。其实，牙齿的健康、强健也与饮食息息相关。要保持一口好牙，除了有良好的饮食习惯外，如果在食物的选择上也下点工夫，宝宝一定会有一口漂亮又强健的牙齿。除了要吃富含钙质的食物，如肉类、鱼类、豆类外，维生素 C 的摄入也很重要。此外也不宜给宝宝多吃过酸、过甜的食物，以防损害宝宝的牙齿。

10 个月以后

粥中的蛋黄、牛肉能让钙质被很好地吸收。

牛肉鸡蛋粥 蛋白质 DHA 钙

用料：
牛肉 30 克
生蛋黄 1 个
大米 30 克
葱花

做法：
①牛肉洗净，切末；蛋黄搅拌备用；大米淘洗干净，浸泡 30 分钟。②将大米放入锅中，加水，大火煮沸，放入牛肉末，煮熟后，淋入蛋黄液稍煮，加葱花调味即可。

 对宝宝的好处：
牛肉鸡蛋粥中丰富的钙质可以促进宝宝骨骼和牙齿的生长。

1 岁以后

剥好壳的栗子放进碗中，倒入开水和盐，闷5分钟，很容易去皮。

栗子粥 蛋白质 B 族维生素 维生素 C

用料：
栗子 5 个
大米 50 克

做法：
①将栗子去壳、洗净，煮熟之后去皮，切碎。②大米淘洗干净，用水浸泡 30 分钟。③锅中放入适量水，将大米倒入，小火煮成粥，再放入切碎的栗子同煮 5 分钟即可。

 对宝宝的好处：
鲜栗子所含的维生素 C 比西红柿还要多，能够维持宝宝牙齿的正常功能。

鱼末豆腐粥

用料:
鱼肉 30 克
豆腐 1 小块
大米 50 克

做法:
①鱼肉洗净,去刺,切末;豆腐洗净,切碎;大米淘洗干净。②将大米放入锅中,加适量水,大火煮沸后转小火,加入鱼肉末、豆腐末同煮至熟。

对宝宝的好处:
鱼末豆腐粥中的营养成分不但有益于宝宝的神经、血管、大脑的生长发育,还能强健宝宝的牙齿。

1 岁以后

深海鱼类 DHA 更丰富,这道菜最好用深海鱼做。

三鲜冻豆腐

用料:
冻豆腐 50 克
火腿 20 克
香菇 3 朵
姜末
盐

做法:
①冻豆腐解冻,沥干水分,切片;香菇去蒂,洗净,切片;火腿切片。②油锅烧热,然后加入冻豆腐片、香菇片、火腿片炒熟,调入盐、姜末,炒至入味即可。

对宝宝的好处:
三鲜冻豆腐营养全面,有利于宝宝大脑的发育,还能促进宝宝的牙齿和骨骼生长。

2 岁以后

火腿属于腌制品,只能放一点调味,不宜多吃。

鲜蘑核桃仁

用料:
鲜蘑菇 100 克
核桃仁 20 克
鸡汤
水淀粉
白糖
香油
盐

做法:
①鲜蘑菇洗净撕成丝。②锅中加入鸡汤、鲜蘑菇、盐、白糖后,大火烧开,再加入核桃仁,煮沸后,用水淀粉勾芡,淋上香油即可出锅。

对宝宝的好处:
蘑菇中的维生素 D 含量很是丰富,有利于钙的吸收,有益于牙齿健康。

2 岁以后

新鲜的蘑菇切开后淋上柠檬汁,以防变色。

打造宝宝的抵抗力

让宝宝增强抵抗力，一是保证孩子的充足睡眠，二是让宝宝多参加一些体育锻炼。户外活动不仅可以促进合成维生素 D，从而促进钙的吸收，而且对肌肉、骨骼、呼吸、循环系统的发育以及全身的新陈代谢都有良好的作用。经常运动还可以增强食欲，使宝宝摄入足够的营养素，这样体质就会增强，抵抗力也会明显增加。还有重要的一点，就是要给宝宝多吃一些香菇、银耳、胡萝卜、菠菜、鸡肉等有助于增强宝宝抵抗力的食物。

1岁以后

豆腐尽量捣得碎一些，方便宝宝食用。

鸡蓉豆腐羹

用料：
鸡肉 50 克
豆腐 30 克
玉米粒 20 克
高汤

做法：
①鸡肉洗净，剁碎；玉米粒洗净，加适量水，用搅拌机打成糊；鸡肉、玉米糊与高汤一同入锅煮沸。②豆腐洗净捣碎，加入煮沸的高汤中，略煮即可。

 对宝宝的好处：
鸡蓉豆腐羹富含多种营养素，可以保护肝脏，增强宝宝免疫力。

1.5岁以后

香菇一定要煮熟炖透，否则容易造成腹泻。

什锦鸡粥

用料：
鸡翅 1 个
香菇 3 朵
大米 30 克
青菜
葱段
盐

做法：
①鸡翅洗净切块；香菇洗净切块；青菜洗净切碎；大米洗净。②锅内倒水，加鸡翅、葱段煮沸。③大米倒入锅内，煮沸后加入香菇、青菜搅匀，熟后加盐调味。

 对宝宝的好处：
食用此粥，可增强宝宝的抵抗力。

银耳花生仁汤

用料:
银耳 2 朵
花生米 6 粒
红枣 4 颗
蜜枣 3 颗

做法:
①将银耳用温水泡开后,洗干净;红枣去核,蜜枣洗净。②锅中水煮开,放入花生米、红枣同煮,待花生煮烂时,放银耳、蜜枣同煮 5 分钟即可。

 对宝宝的好处:
花生含优质的脂肪,不仅可以滋补脾胃,还能为宝宝提供充足能量和营养。

1.5 岁以后

蜜枣含有很多的糖分,宝宝吃太多对牙齿不好。

鸭肉冬瓜汤

用料:
鸭肉 200 克
冬瓜 300 克
姜 1 块
盐

做法:
①姜切厚片;冬瓜洗净切块。②鸭肉放冷水锅中大火煮 10 分钟,捞出,冲去血沫,放入汤煲内,倒入水大火煮开。③放入姜片,转小火煲 1.5 小时,关火前 10 分钟倒入冬瓜,煮软并加入少许盐调味。

 对宝宝的好处:
鸭肉的脂肪益于心脏健康;冬瓜有清暑之效,二者搭配,增强宝宝的抵抗力。

1.5 岁以后

给宝宝吃加点醋,这样口感更好。

鲜蘑炒豌豆

用料:
口蘑 15 朵
豌豆 100 克
高汤
水淀粉
盐

做法:
①口蘑洗净,切成小丁;豌豆洗净。②油锅烧热,放入口蘑和豌豆翻炒,加适量高汤煮熟,用水淀粉勾芡,最后加盐调味。

 对宝宝的好处:
口蘑含有的硒元素能提高宝宝的免疫力。

2 岁以后

先用勺子碾一下豌豆,足够碎软,再喂给宝宝吃。

活力宝宝营养餐

　　宝宝生性活泼好动，所以妈妈一定要保证营养和能量的供给，让宝宝保持充沛的体力和精力。同时应注意，一日三餐要合理搭配，早上要保证能量的供给，以补充晚上营养的流失；中午要保证碳水化合物的供给，以增加热量；晚上则应保证营养的质量。

1.5 岁以后

不宜让宝宝一次吃太多韭菜，以免胃灼热。

韭菜炒鸭蛋

用料：
韭菜 50 克
鸭蛋 2 个
料酒
盐

做法：
①鸭蛋打散，淋少许料酒；韭菜洗净切末，拌入鸭蛋液，加盐调味。②锅里倒入油，韭菜蛋液倒入锅中，蛋液快要凝固时翻炒，至鸭蛋煎成金黄色即可装盘。

 对宝宝的好处：
韭菜中含有丰富的膳食纤维，能促进排便，清除宝宝体内毒素，使宝宝身体轻松、活力四射。

1.5 岁以后

菠菜也可以换成青菜。

鲜虾菠菜粥

用料：
大米 50 克
鲜虾仁 20 克
菠菜 4 棵
高汤
盐

做法：
①大米中加入高汤，小火慢熬成粥；菠菜洗净焯水，切碎。②将鲜虾仁蒸熟，切成小粒，加入粥内，加盐再熬 5 分钟，出锅前拌入菠菜碎，烧开即可。

 对宝宝的好处：
虾仁和菠菜搭配食用，能让宝宝身体好、有活力。

黄豆芝麻粥

用料:
大米 50 克
黄豆 20 克
黑芝麻 20 克

做法:
①黄豆洗净后浸泡 2 小时; 大米淘洗干净, 浸泡 1 小时。②将大米、黄豆放入锅中, 加适量水煮粥, 煮至黄豆软烂, 再加入黑芝麻搅拌均匀即可。

 对宝宝的好处:
黄豆富含卵磷脂, 它是大脑的重要组成成分之一, 卵磷脂中的甾醇可增强宝宝神经机能和活力。

1.5 岁以后

不宜给宝宝多吃黄豆, 以免影响消化, 导致腹胀。

小麦红枣粥

用料:
小麦 50 克
糯米 50 克
红枣 6 颗

做法:
①将小麦、糯米、红枣分别洗净, 红枣去核。②将所有原料放入锅内, 加水大火烧开后, 转小火熬成粥。

 对宝宝的好处:
小麦、糯米、红枣三者合成此粥, 可以起到养胃健脾、强身健体的功效。

1.5 岁以后

小麦不易煮烂, 要提前用水浸泡 2 个小时。

清炒文蛤

用料:
文蛤 200 克
红甜椒 1 个
黄甜椒 1 个
葱花、蒜末、姜末
高汤
料酒
盐

做法:
①文蛤洗净; 甜椒洗净, 切片。②油锅烧热, 放入葱花、姜末、蒜末、甜椒片, 爆香后放入文蛤, 翻炒数下。③淋入料酒和高汤, 加盖大火煮至文蛤张嘴, 加盐调味即可。

 对宝宝的好处:
文蛤中含有丰富的锌, 可使宝宝保持好胃口, 并利于保持充沛的精力。

2.5 岁以后

文蛤中含有沙子等杂质, 在水里加盐泡 2~3 小时。

第二章
让宝宝不吃药不打针的食疗方

🍵 感冒

　　宝宝风热感冒的症状表现为发热、头胀痛、咽喉肿痛、多汗、鼻塞、流浓涕、咽部红痛、咳嗽、痰黄而稠、口渴、舌质红、舌苔薄黄等。忌食热性食物，否则会助长热性，让宝宝病症更严重。

　　风寒感冒是因受凉而引起的，秋冬季发生较多。一般表现为怕冷、发热较轻、无汗、鼻塞、流清涕、喷嚏、咳嗽、头痛、舌苔薄白等症状。风寒感冒的宝宝，应当忌食冬瓜、西瓜、绿豆芽、芹菜、猪肉、鸡肉、银耳、百合等食物。

7个月以后

> 芥菜性温，味辛，能散热润肺，风热感冒的宝宝宜食用。

芥菜粥

用料：
芥菜 30 克
大米 50 克
豆腐 1 小块

做法：
①芥菜洗净，切碎；豆腐切碎；大米淘洗干净，浸泡 30 分钟。②大米入锅，加适量水，煮熟。③将芥菜、豆腐放入粥中，煮熟即可。

 对宝宝的好处：
能够为宝宝提供丰富的维生素，可以辅助治疗感染性疾病。

1岁以后

> 散热润肺的梨粥，能缓解宝宝风热感冒的症状。

梨粥

用料：
梨 2 个
大米 50 克

做法：
①梨洗净，去皮，去核，切碎；大米淘洗干净，浸泡 30 分钟。②将大米放入锅中，加入梨，熬煮成粥即可。

 对宝宝的好处：
酸酸甜甜的梨粥可以有效增进宝宝的食欲。

葱白粥

用料:
大米 50 克
葱白 2 根

做法:
①大米淘洗干净, 浸泡 1 小时。②将大米放入锅中, 加水煮粥, 将熟时放入葱白, 煮至熟即可。

 对宝宝的好处:
葱白粥营养丰富, 易于消化, 还具有药用价值。

1 岁以后

葱白性温, 适用于风寒感冒的宝宝食用。

陈皮姜粥

用料:
陈皮 10 克
姜丝 10 克
大米 50 克

做法:
①大米淘洗干净, 浸泡 1 小时。②锅内放入大米、陈皮、姜丝, 加水大火煮开后, 转小火煲熟。

 对宝宝的好处:
陈皮姜粥能够为宝宝提供均衡的营养。

1 岁以后

生姜、陈皮都是辛温食物, 能发汗解表, 理肺通气, 缓解风寒感冒。

苦瓜粥

用料:
苦瓜 80 克
大米 50 克
冰糖 20 克

做法:
①苦瓜洗净, 去瓤, 切小块; 大米淘净, 将大米、苦瓜放入锅中, 加适量水, 熬煮成粥。②加入冰糖稍煮即可。

 对宝宝的好处:
苦瓜中含有多种维生素、矿物质, 具有清凉解渴、清热解毒、清心明目的作用。

1 岁以后

苦瓜粥适合给风热感冒的宝宝吃。

🐻 发热

　　宝宝发热时，新陈代谢会大大加快，其营养物质和水的消耗将大大增加。而此时消化液的分泌却大大减少，消化能力也大大减弱，胃肠的蠕动速度开始减慢。所以对于发热的宝宝，一定要给予充足的水分，补充大量的无机盐和维生素，供给适量的热能和蛋白质，一定要以流质和半流质饮食为主，提倡少食多餐。西瓜、大米粥都是宝宝发热时理想的食物。

6 个月以后

6 个月的宝宝胃肠发育不完全，果汁要用温水稀释。

西瓜汁 维生素A 有机酸　钙

用料：
西瓜瓤 200 克

做法：
①将西瓜瓤切块，去掉西瓜子，用勺子捣烂。②用纱布过滤出西瓜汁，加等量的温开水调匀即可。

 对宝宝的好处：
宝宝喝西瓜汁，不仅可以获得丰富的营养，而且有开胃、助消化、利尿的作用。

1 岁以后

金银花性寒，可缓解多种病症引起的发热症状。

金银花米汤 碳水化合物 蛋白质　钙

用料：
金银花 10 克
大米 50 克

做法：
①大米淘洗干净，浸泡 30 分钟；金银花洗净。②大米入锅，加适量水，煮 20 分钟后，加金银花同煮，10 分钟后关火即可。

 对宝宝的好处：
金银花米汤口感清淡，易于吸收，非常适合发热的宝宝食用。

西瓜皮芦根饮

用料:
芦根 20 克
西瓜皮 100 克
冰糖

做法:
①芦根洗净;西瓜皮洗净,切块。②芦根煮水放冰糖,晾凉;西瓜皮放入芦根水中,冷藏即可食用。

 对宝宝的好处:
不但可以为宝宝提供必要的营养,提高宝宝的免疫力,还能起到很好的退热效果。

1 岁以后

给宝宝喝,冷藏时间不宜过长。

荷叶粥 维生素C 生物碱

用料:
鲜荷叶 1 张
大米 100 克
冰糖

做法:
①鲜荷叶清洗干净,煎汤,去渣取汁。
②荷叶汤汁放入大米中,煮成稀粥,加冰糖调味即可。

 对宝宝的好处:
此粥有解暑清热、养阴醒胃的作用。

1 岁以后

第一次给宝宝喝荷叶粥,应少放一些荷叶汤汁,观察宝宝是否适应。

凉拌西瓜皮 维生素 膳食纤维

用料:
西瓜皮 100 克
红甜椒
盐
白糖
醋

做法:
①西瓜皮削翠衣,洗净,放碗中,加盐、白糖拌匀,腌制 1 时。②将腌软的西瓜皮切成丁,用水略漂洗,放入碗中。③将适量醋淋在西瓜皮上,可加适量红甜椒调味,拌匀即可。

 对宝宝的好处:
凉拌西瓜皮酸甜可口,非常适合发热期身体不适的宝宝食用,以增加宝宝的食欲,补充必要的营养元素和水分。

3 岁以后

西瓜皮性凉,能清热解暑,止渴利尿。

咳嗽老不好

　　咳嗽是人体的一种保护性呼吸反射动作。咳嗽的宝宝饮食以清淡为主，多吃新鲜的葱白、白萝卜、荸荠等食物，可食少量瘦肉或禽蛋类食品，切忌饮食油腻、鱼腥。水果也不可或缺，但量不必多。无论是哪种咳嗽，都应该积极让宝宝喝水，不要等口渴了才想到喝水。

7个月以后

荸荠有生津润肺，清热化痰，治疗肺热咳嗽的作用。

荸荠水

用料：
荸荠 15 个

做法：
①荸荠洗净去皮，切成薄片。②将荸荠片放入锅中，加适量水，煮 5 分钟，过滤出汁液即可。

 对宝宝的好处：
荸荠中的磷含量是根茎类蔬菜中最高的，能促进宝宝生长发育并维持生理功能，对宝宝牙齿骨骼的发育也有很大好处。

7个月以后

葱白味道较辛辣，要小口喂，让宝宝慢慢适应。

萝卜葱白汤

用料：
白萝卜半根
葱白1个
姜15克

做法：
①白萝卜洗净、切丝；葱白洗净、切丝；姜洗净，切丝。②锅内放入 3 碗水先将白萝卜煮熟，再放入葱白、姜丝，煮至剩 1 碗水即可。

 对宝宝的好处：
萝卜葱白汤不仅能有助于增强宝宝机体的免疫功能，提高抗病能力，还可以化痰清热，缓解宝宝的咳嗽症状。

萝卜冰糖饮

用料:
白萝卜1个
冰糖

做法:
①白萝卜洗净去皮,捣烂,取汁25毫升。
②加入冰糖调匀即可,每日1~2次。

 对宝宝的好处:
白萝卜性凉,有止咳化痰的功效;冰糖具有润肺、止咳、清痰和祛火的作用。两者结合对小儿咳嗽有很好的功效。

1岁以后

白萝卜不宜与胡萝卜同食。

 川贝炖梨

用料:
梨1个
冰糖3粒
川贝6粒

做法:
①川贝敲碎成末。②将梨去皮,切块,和冰糖、川贝一起加水炖。③熟后分两次给宝宝吃。

 对宝宝的好处:
此方有润肺、止咳、化痰的作用,对风热咳嗽的宝宝尤其有效。

1岁以后

也可以用川贝粉来代替川贝。

烤橘子

用料:
橘子1个

做法:
①将橘子直接放在小火上烤,并不断翻动,烤到橘皮发黑,橘子里冒出热气即可。②待橘子稍凉一会儿,剥去橘皮,让宝宝吃温热的橘瓣。

 对宝宝的好处:
橘子性温,有化痰止咳的作用,主要针对风寒咳嗽。

1.5岁以后

大橘子,宝宝一次吃2~3瓣,小贡橘,一次可以吃一个。

腹泻

腹泻是婴幼儿最常见的多发性疾病，有生理性腹泻、胃肠道功能紊乱导致的腹泻、感染性腹泻等。从治疗角度讲，对于非感染性腹泻，要以饮食调养为主。对于感染性腹泻，则要在药物治疗的基础上进行辅助食疗。进食无膳食纤维、低脂肪的食物，能使宝宝的肠道减少蠕动，同时营养成分又容易被吸收，所以制作腹泻宝宝的膳食应以软、烂、温、淡为原则。

6 个月以后

白糖不宜多放，稍有甜味即可。

焦米糊

用料：
大米 50 克
白糖

做法：
①将大米炒至焦黄，研成细末。②在焦米粉中加入适量的水和白糖，煮沸成稀糊状即可。

 对宝宝的好处：
炒焦了的米已部分碳化，有吸附毒素和止泻的作用。

7 个月以后

大米的膳食纤维少，各种营养成分吸收率高，适合肠胃娇弱的宝宝食用。

白粥

用料：
大米 50 克

做法：
①大米淘洗干净，浸泡 30 分钟。②大米入锅，加适量水，大火烧沸后改小火熬熟即可。

 对宝宝的好处：
大米有止渴、止泻的功效，是腹泻宝宝理想的止泻辅食。

山楂粥

 维生素 A 维生素 C 钾 钙

用料:
山楂 10~20 克
大米 30 克
冰糖

做法:
①大米洗净沥干,山楂洗净。②锅中加8杯水煮开,放入山楂、大米续煮至滚时稍微搅拌,改中小火熬煮30分钟,加入冰糖煮溶即成。

 对宝宝的好处:
可缓解腹泻和由此而产生的腹痛,尤其是夏季吃凉食造成的腹泻、腹痛。

1 岁以后

1岁后的宝宝可以适当吃些小米粥。

香甜糯米饭

 碳水化合物 维生素 C 胡萝卜素

用料:
大米 30 克
豌豆 15 克
栗子 20 克
香菇 10 克
胡萝卜半根
糯米 10 克

做法:
①豌豆煮好后去皮捣碎;栗子去皮,切丁。②香菇洗净去蒂,剁碎;胡萝卜洗净去皮,焯烫一下切丝。③大米、糯米、豌豆、栗子一起下锅煮成饭。④香菇、胡萝卜煸炒后,再将做好的饭一起倒入翻炒。

 对宝宝的好处:
糯米具有补中益气、健脾养胃的功效,对腹胀、腹泻有一定缓解作用。

1 岁以后

宝宝腹泻时,可吃糯米饭,配菜可以选择宝宝喜欢的。

胡萝卜山楂汁

 维生素 A 维生素 C 胡萝卜素

用料:
胡萝卜 2 根
山楂 15 克
红糖

做法:
①胡萝卜洗净,去皮,切条。②与山楂同放入锅中,加适量水煎煮取汁,调入红糖,分数次服用,连服 2~3 天。

 对宝宝的好处:
山楂除了我们所知的开胃促消化的功效外,还有平喘化痰,治疗腹痛、腹泻的作用。

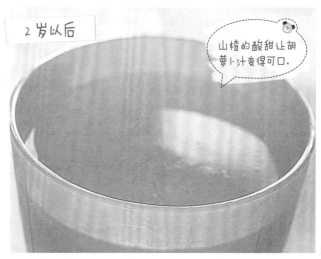

2 岁以后

山楂的酸甜让胡萝卜汁变得可口。

便秘

便秘是宝宝常见病症之一。宝宝大便干硬，排便时哭闹费力，排便次数比平时明显减少，有时 2~3 天，甚至 6~7 天排便一次。便秘常常由消化不良或脾胃虚弱引起，过多地食用鱼、肉、蛋类，缺少谷物、蔬菜等食物也是一个重要原因。因此要适量多给宝宝吃一些红薯、甘蔗、粗粮等富含膳食纤维的食物。由于宝宝肠道功能尚不完善，一般不宜用导泻剂治疗，否则容易引发肠道功能紊乱。

7 个月以后

红薯是治疗便秘的理想食物，宜煮粥，不宜给宝宝吃烤红薯。

红薯粥

膳食纤维　胡萝卜素　钾　铁

用料：
红薯 100 克
大米 50 克

做法：
①红薯洗净，去皮，切小方块；大米淘洗干净。②红薯块与大米同入锅，加适量水，大火烧沸后改小火熬熟。

对宝宝的好处：
红薯中含有大量膳食纤维，能刺激肠道，从而增强肠道蠕动。

1 岁以后

1 岁以前不要给宝宝吃蜂蜜。

蔗汁蜂蜜粥

碳水化合物　钾　钙

用料：
甘蔗汁 100 毫升
蜂蜜 50 毫升
大米 50 克

做法：
①将大米煮粥，待大米熟后调入蜂蜜、甘蔗汁。②再煮沸即成，每日 1 次，连续 3~5 天。

对宝宝的好处：
此粥可清热生津，润肠通便，适用于热病后有大便干结的宝宝。

芝麻杏仁糊

用料:
芝麻、大米各
90克
甜杏仁60克
当归10克
白糖

做法:
①将芝麻、大米和甜杏仁浸泡后磨成糊状备用。②当归水煎取汁，调入药糊、白糖，煮熟服食，每日1剂，连续5天。

 对宝宝的好处:
此糊可养血润燥，对宝宝便秘有一定的作用。

1岁以后

杏仁不可过量食用，尤其是给宝宝吃，一定要控制好量。

苹果玉米汤

用料:
玉米粒40克
苹果20克

做法:
①将苹果洗净，去皮，去核，切丁；玉米粒洗净剁碎。②把玉米粒、苹果丁放进锅里，加入适量水，大火煮到滚沸，再转小火煮10分钟即可。

 对宝宝的好处:
苹果玉米汤含有丰富的膳食纤维，当大便秘结时，可以起到润肠通便的作用。

2岁以后

除苹果外，香蕉也是治疗便秘的理想水果。

虾皮粉丝萝卜汤

用料:
虾皮、粉丝、胡萝卜各50克
香菜10克
葱丝
姜丝
鸡汤
盐

做法:
①胡萝卜洗净切丝；粉丝加开水烫熟；香菜洗净，切段。②油锅烧热，用葱丝、姜丝炝锅，放虾皮煸炒，加入胡萝卜丝同炒，倒入鸡汤，烧开后撇去浮沫，放粉丝稍煮，调入盐，撒上香菜段。

 对宝宝的好处:
胡萝卜中的芥子油，有促进胃肠蠕动的作用。

2岁以后

最好用红薯粉丝来做这道汤。

上火

中医认为，宝宝是"纯阳之体"，体质偏热，容易出现阳盛火旺，即"上火"现象。宝宝的肠胃处于发育阶段，消化等功能尚未健全，过剩营养物质难以消化，容易造成食积化热而"上火"。宝宝的饮食以清淡为主，要多吃些清火的蔬菜和水果，如萝卜、苦瓜、莲子、百合、梨、西瓜、山竹等。要忌食辛辣、油腻、高热量的食物，让宝宝多吃一些水果。

7 个月以后

胡萝卜、白萝卜不宜搭配食用，否则会损失白萝卜中的维生素 C。

萝卜梨汁   钙

用料：
梨 1 个
白萝卜半个

做法：
①白萝卜洗净切丝；梨洗净去皮，切成薄片。②将萝卜丝倒入锅内烧沸，用小火烧煮 1 分钟，加入梨片再煮 5 分钟。③待汤汁冷却后，捞出梨片和萝卜丝，过滤出汁液即可。

 对宝宝的好处：
白萝卜和梨同煮为汤，给上火的宝宝饮用，会有良好的降火功效。

1 岁以后

给山竹剥皮时，用餐刀绕着果实的中心割一个口，稍微旋转几下就能把皮去掉。

山竹西瓜汁 蛋白质 脂类 B 族维生素

用料：
山竹 2 个
西瓜瓤 200 克

做法：
①将山竹去皮、去子；西瓜瓤去子、切成小块。②将山竹、西瓜块放进榨汁机榨汁即可。

 对宝宝的好处：
山竹不仅味美，还有降火的功效。西瓜性凉，有清暑解热的功效。因此，山竹西瓜汁非常适合上火的宝宝饮用。

西瓜皮粥

用料：
西瓜皮 30 克
大米 30 克

做法：
①将西瓜皮洗净，去掉外皮，切成丁；大米淘洗干净，浸泡 30 分钟。②大米、西瓜皮丁入锅，加适量水，大火煮开后，转小火煮成粥即可。

 对宝宝的好处：
西瓜皮的营养价值很高，有利尿消肿、清热解暑的功效。宝宝食用西瓜皮粥，能达到降火的目的。

1 岁以后

西瓜皮性凉，要经过煮制之后，才适合给宝宝食用。

莲子百合粥

用料：
莲子 30 克
干百合 30 克
大米 50 克

做法：
①干百合洗净，泡发；莲子洗净，浸泡 30 分钟。②将莲子与大米放入锅内，加入适量水同煮至熟，放入百合片，煮至酥软即可。

 对宝宝的好处：
宝宝食此粥能安定心神、降火养心。

1 岁以后

莲子芯略有苦味，可以去掉后再给宝宝吃。

苦瓜煎蛋饼

用料：
苦瓜半根
鸡蛋 2 个
盐

做法：
①苦瓜洗净，去瓤，切碎，用开水焯一下，水中放盐，变色后捞出沥干。②鸡蛋打开，加盐、苦瓜，拌匀。③油锅烧热，倒入苦瓜蛋液，用小火慢慢地煎至两面金黄即可。

 对宝宝的好处：
苦瓜煎蛋饼既清火，又不失营养，最适合宝宝在夏季食用。

1 岁以后

用小刀将苦瓜里面的白膜刮掉，苦瓜的苦味就能减少很多。

过敏

宝宝过敏的原因通常分为两大类：一、直接因素。包括过敏原、呼吸道病毒感染、化学刺激物，如汽车尾气、香烟尼古丁等。这些因素可直接诱发过敏症状。二、间接因素。如运动、天气变化、室内外温差大、喝冰水、情绪不稳定等。这些因素会造成已存在过敏性炎症的器官发生病变，如支气管发生收缩现象。苹果、红枣、胡萝卜、薏米等食物对宝宝过敏有一定的预防和缓解作用。

6 个月以后

清洗红枣时，不要把红枣在水中浸泡过长时间，否则红枣内的维生素 C 易流失。

红枣泥

用料：
红枣 20 颗

做法：
①将红枣洗净，放入锅内，加入适量水煮 15~20 分钟，煮至红枣烂熟。②去掉红枣皮、核，捣成泥状，加适量水再煮片刻即可。

 对宝宝的好处：
红枣中含有大量的抗过敏物质——环磷酸腺苷，可阻止面部皮肤过敏，避免皮肤瘙痒现象的发生。

1 岁以后

用酸奶代替沙拉酱，可以降低过敏的概率。

苹果沙拉

用料：
苹果 1 个
橙子 1 个
葡萄干 20 克
酸奶 1 杯

做法：
①苹果洗净，去皮、去核，切成小丁；葡萄干泡软；橙子去皮和子，切成小丁。
②用酸奶将各种水果拌匀即成。

 对宝宝的好处：
苹果中的苹果胶可使血液中致过敏的组织胺浓度下降，从而起到预防过敏的效果。

小儿湿疹

小儿湿疹，俗称"奶癣"，是一种过敏性皮肤病。婴幼儿阶段的宝宝皮肤发育尚不健全，最外层表皮的角质层很薄，毛细血管网丰富，内皮含水及氯化物比较丰富，因此容易发生过敏情况。专家建议，宝宝的食物中要有丰富的维生素、无机盐和水，而碳水化合物和脂肪要适量，少吃盐，以免体内积液太多。玉米须、薏米、莲子、山药等能有效祛除宝宝体内的温热之气，可以给宝宝适当多吃。如果宝宝有湿疹症状，妈妈要暂停给宝宝吃可能引发过敏症状的食物。

玉米汤

用料：
玉米须 50 克
玉米粒 100 克

做法：
①玉米须洗净，玉米粒剁碎；②将玉米须、玉米粒放入锅中，加适量的水炖煮至熟，过滤出汁液即可。

 对宝宝的好处：
玉米性平味甘，有开胃、健脾、除湿、利尿等作用。

1 岁以后

玉米须又称龙须，还可以用来泡水喝，龙须茶可解体内的湿热之气。

扁豆薏米山药粥

用料：
扁豆 30 克
薏米 30 克
山药 30 克

做法：
①扁豆洗净，切碎；薏米洗净，与扁豆一同浸泡 30 分钟；山药洗净、削皮，切成块。②扁豆、薏米、山药入锅，加适量的水，共煮为稀粥即可。

 对宝宝的好处：
扁豆薏米山药粥因含有多种维生素和矿物质，有促进新陈代谢和减少胃肠负担的作用。

2 岁以后

扁豆要煮得里外熟透，颜色全部改变，才没有豆腥味。

小儿肥胖

宝宝的体重超过相应身高标准体重平均值 20% 以上就算肥胖。过于肥胖的宝宝常会有疲劳感，活动时会气短或腿痛，而且肥胖也限制了宝宝的运动机能发展，不利于身体的生长发育。除此之外，体重过重的宝宝大脑发育也会比较迟缓。

妈妈要为宝宝减肥把好几道关：严格限制主食、甜食及油脂的摄入量，少吃脂肪含量高的坚果，少食甜食和含糖饮料。妈妈应多给宝宝吃蔬菜，增加饱腹感；多选富含膳食纤维的粗粮、杂粮等作为主食和副食，食盐不应过多。

1.5 岁以后

宝宝吃完山楂后，要及时给他漱口，防止损伤牙齿。

山楂冬瓜饼

用料：
山楂 10 个
冬瓜 100 克
鸡蛋 1 个
蜂蜜
酵母
面粉

做法：
①将鸡蛋、蜂蜜和酵母放入面粉，搅成浓稠状饧发待用。②山楂、冬瓜剁泥；面糊鼓起时，加入山楂、冬瓜泥和匀，制成圆饼。③平底锅加油烧热，放入圆饼，煎至金黄色鼓起状即可。

 对宝宝的好处：
冬瓜清热解毒，利水消肿，适用于小儿肥胖症。

2 岁以后

宝宝夏季喝冬瓜粥还能解酷暑，去水肿。

大米冬瓜粥

用料：
冬瓜 80 克
大米 50 克

做法：
将冬瓜用刀刮去皮后洗净切成小块，再同大米一起煮成粥即可。

 对宝宝的好处：
冬瓜富含膳食纤维，能刺激肠道蠕动，长期食用有消脂的作用。

🍃 夏天长痱子

痱子多生于脸面及皮肤皱褶处,夏季多见。表现为针尖大小的圆或尖形红色丘疹,有时疹顶部有微疱,称为汗疱疹。宝宝长痱子后瘙痒明显,烦躁不安,常用手去抓,一般数天或一两周后可消退。但是如果受到感染,就会变成痱毒。

宝宝长痱子后应注意均衡饮食,给他吃些清淡易消化的食物,多吃蔬菜水果,以及适量喝清凉饮料,如多吃青菜和西瓜,多喝绿豆汤。饮食还应注意适量,不要吃得过多,以免引起出汗,使痱子症状加重。

荷叶绿豆汤

用料:
鲜荷叶 1 张
绿豆 30 克

做法:
①将绿豆洗净,鲜荷叶洗净切碎。②绿豆、荷叶同放入砂锅中加水煮到绿豆开花,晾凉后取汤饮用。

 对宝宝的好处:
此汤具有清热解毒的作用,可防止痱子扩散,缓解宝宝皮肤瘙痒、烦躁的症状。

6 个月以后

荷叶汤稍苦涩,宝宝可能不适应,要耐心地喂食。

三豆汤

用料:
绿豆、红豆、黑豆各 10 克

做法:
①绿豆、红豆、黑豆一齐下锅,加水600 毫升。②小火煎熬成 300 毫升,取汤喝下即可,宜常服。

 对宝宝的好处:
三豆汤有清热解毒、健脾利湿的功效,是夏季小儿保健的佳品。

1 岁以后

宝宝一次喝不完 300 毫升,可以分次饮用。

🍃 铅过量

铅过量，即宝宝体内的铅含量超过了铅限定摄入量的最大值。摄入过多的铅及其化合物会导致心悸，易激动，并会使神经系统受损，甚至会致癌和致畸。铅含量的超标会对宝宝产生非常大的负面影响，应受到家长重视。

妈妈可以通过给宝宝摄入营养及膳食纤维含量丰富的食物，如银耳、山楂、蔬菜等，阻止铅在消化道内被吸收，并使铅直接通过粪便排出体外。

1 岁以后

胡萝卜还可以换成紫薯、红薯、玉米等粗粮，或者用坚果也很不错。

胡萝卜银耳露

胡萝卜素　维生素A　磷

用料：
胡萝卜 1 根
干银耳 1 朵
白糖

做法：
①银耳泡发后撕成小朵，胡萝卜切小丁。②将胡萝卜丁、银耳放入豆浆机中，加入 100 毫升的水。③选择"米糊"或"浓汤"模式，约 20 分钟，再根据宝宝的口味添加适量白糖调味即可。

👩‍🍳 **对宝宝的好处：**
银耳富含天然植物性胶质，可以吸附宝宝肠道内的废物，然后随粪便排出。

1 岁以后

山楂糕丝放入淡盐水中过一下可以防粘连，口感更好。

山楂糕拌脆梨

维生素A　维生素E　钾

用料：
山楂糕 150 克
梨 1 个
盐
白糖

做法：
①将山楂糕和梨分别切成细丝。②将梨丝放入淡盐水中过一下就捞出；山楂糕丝也放入淡盐水中过一下。③将山楂糕丝和梨丝放入大碗中，加入白糖，拌匀后即可食用。

👩‍🍳 **对宝宝的好处：**
梨具有清肺、利咽之功效，同山楂糕搭配在一起能够开胃消食。

🥄 鼻子流血

　　鼻子出血是儿童的易发病，这是因儿童鼻黏膜血管丰富、黏膜较为脆嫩所致。春季空气中水分少，鼻黏膜干燥也容易出血，由于多种疾病也会导致鼻出血，如果经常出现鼻出血，应该积极就医，找出病因，治疗原发病。出血发生时，要立即止血，以免出血过多。除此之外食疗可以起到辅助作用。

　　发生过鼻子出血的宝宝，不要多吃煎炸、辛辣、肥腻，以及虾、蟹、公鸡等食物。妈妈在平时要给宝宝多吃莲藕、荸荠、苦瓜、豆腐等食物，并注意让宝宝多喝水或清凉饮料以补充水分。

莲藕荸荠萝卜汤

用料：
莲藕 50 克
荸荠 50 克
萝卜 50 克

做法：
①将新鲜莲藕、荸荠、萝卜均洗净，去皮，切片（块）。②放入锅中加水煮成汤。

对宝宝的好处：
莲藕能止血生肌；荸荠能解毒、利尿等，其中的磷元素可促进宝宝身体发育。

1岁以后

给小婴儿喝汤，大点的宝宝可以吃莲藕、荸荠、萝卜，可连吃数天。

豆腐苦瓜汤

用料：
豆腐 200 克
苦瓜 100 克
盐

做法：
①豆腐切成块；苦瓜洗净，去瓤，切成丝。②砂锅加水适量，放入豆腐、苦瓜。③用大小火交替煲 2 小时，再加入适量盐调味即可。

对宝宝的好处：
豆腐甘寒，苦瓜苦寒，均能清大热，清胃降火，因燥热鼻子出血的宝宝食用更佳。

2岁以后

苦瓜外表的颗粒越大越饱满，里面的果肉越厚。

哮喘

小儿哮喘是呼吸道变态反应性疾病，以反复发作性呼吸困难伴喘鸣音为特征。哮喘的主要症状是咳嗽、气急、喘憋、呼吸困难，常在夜间与清晨发作。2岁以下的小儿往往同时患有湿疹或其他过敏症，起病可缓可急，缓者轻咳、打喷嚏和鼻塞，逐渐出现呼吸困难；急者一开始即有呼吸困难，气促鼻翼翕动，严重时可出现缺氧，口唇发绀，伴有咳嗽及泡沫痰，并可能危及生命。

患病宝宝应该多吃些富含蛋白质、维生素、微量元素的食物，如豆腐、鸡肉、瘦肉、鸡蛋以及新鲜蔬菜、水果、坚果等。

9个月以后
可以给宝宝每日早晚分2次食用。

杏麻豆腐汤

蛋白质 铁 钙

用料：

杏仁15克
麻黄30克
豆腐125克

做法：

①将杏仁、麻黄、豆腐同煮1小时。②拣去药渣，食豆腐饮汤。

对宝宝的好处：

麻黄有镇咳、祛痰的作用；杏仁偏于降气、定喘、止咳，二者同用，特别适用于寒性哮喘。

2岁以后
选用的柚皮要清洁光洁，质地密致，气味芬芳。

蒸柚子鸡

蛋白质 维生素C 钾

用料：

柚子1个
仔鸡1只
盐

做法：

①仔鸡宰杀洗净，切块。②切开柚子顶盖，去瓤，将鸡块塞入柚子内，隔水蒸3小时左右，加盐，即可让宝宝吃肉喝汤。

对宝宝的好处：

柚子味甘酸、性寒，具有理气化痰、润肺清肠、补血健脾等功效，对小儿哮喘有一定的辅助治疗效果。

呕吐

宝宝呕吐了，如果感到不对劲，不妨带着呕吐物请医生检查一下。呕吐大部分是胃炎、肠炎引起的，家长要注意孩子大便的情况和形状，及时看医生，按照医生的医嘱来做。

如果宝宝呕吐情况比较轻，可给他吃一些容易消化的流质食物，少量多次进食，生姜对治疗宝宝的呕吐很有作用，妈妈可以在宝宝的食物中适量添加；如果宝宝呕吐情况比较严重则应当暂时禁食。

姜片饮

用料：
生姜 20 克

做法：
生姜洗净，切片，用水煎 10 分钟，少量多次服用。

 对宝宝的好处：
生姜能有效地治疗吃寒凉食物过多而引起的腹胀、腹痛、腹泻、呕吐等。

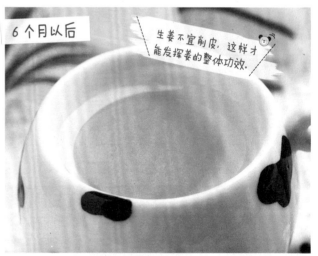
6 个月以后

生姜不宜削皮，这样才能发挥姜的整体功效。

姜糖水

用料：
生姜
陈皮
红糖

做法：
①生姜洗净、切片；陈皮洗净。②锅内加适量水，煮沸，下入姜片、陈皮、红糖，略煮即可。

 对宝宝的好处：
宝宝喝过姜糖水后，能促使血管扩张，血液循环加快，排出体内的病菌、寒气。

6 个月以后

姜糖水能治疗因受寒引起的呕吐，其他类型的呕吐则不宜使用。

宝宝安全与家庭急救 常识

🐾 家庭小药箱里的常用工具

每个家庭通常都会有一个小药箱，用以常见疾病和跌打损伤的紧急处理。对于有宝宝的家庭来说，准备一个小药箱更是必要。那么，小药箱里应该准备些什么常用工具呢？

体温计：几乎每个家庭都会准备体温计，特别是水银体温计、耳式体温计和额温枪。水银体温计如果摔碎了，流出的水银有毒；宝宝耳垢过多或耳道弯曲会影响耳式体温计的准确度。所以，从安全性和准确性来看，额温枪比水银体温计、耳式体温计更安全、更准确。按下测量钮，仅几秒钟就可得到测量数据。如果宝宝正在哭闹、不配合测量，额温枪能减少宝宝的抵触感。

喂药器：可防止喂药过程宝宝产生挣扎、抗拒的行为，弥补了匙羹喂药的缺陷。主要有滴管式喂药器、针筒式喂药器和奶嘴式喂药器三类。

🐾 处理小外伤必须有的装备

在日常生活中，宝宝在玩耍过程中受点小外伤很难免，只要妈妈能够科学地处理，就能让宝宝少流血、少疼痛、不感染、好得快。在处理小外伤时，下面这些装备很重要。

物品	用途
酒精棉	急救前用来给双手或钳子等工具消毒。
棉花棒	用来清洗面积小的出血伤口。
消毒纱布	用来覆盖伤口。
创可贴	覆盖小伤口时用。
冰袋	令微血管收缩，帮助减少肿胀。流鼻血时，置于伤者额部，能帮助止血。
手套、医用口罩	可以防止施救者被感染。
三角巾	可承托受伤的上肢，固定敷料或骨折处等。
安全扣针	固定三角巾或绷带。
胶布	固定纱布。
绷带	绷带具有弹性，用来包扎伤口，不妨碍血液循环。2寸的适合手部，3寸的适合脚部。
圆头剪刀	比较安全，可用来剪开胶布或绷带，必要时也可用来剪开衣物。

🐾安全有效的宝宝常用药

　　宝宝的抵抗力比成人要弱很多，成长过程中生病在所难免。宝宝用药有讲究，不能随便使用成人的药。所以，宝宝常见小病痛，需要使用下面这些适合宝宝的药。

病症	药品
发热	泰诺林（对乙酰氨基酚混悬滴剂）、小儿解热栓、美林（布洛芬混悬液）、退热贴。
感冒、鼻塞	泰诺（酚麻美敏混悬液）、小儿氨酚黄那敏颗粒、生理盐水喷鼻剂等。
咳嗽、咳痰	小儿止咳口服溶液、沐舒坦（盐酸氨溴索口服溶液）等。
过敏	仙特明（盐酸西替利嗪滴剂）、开瑞坦（氯雷他定）等。
腹泻	蒙脱石散、口服补盐液Ⅲ、益生菌等。
便秘	开塞露、乳果糖、益生菌等。
烫伤	绿药膏、烫伤膏等。
消毒	碘酒、75% 酒精、碘伏。
红臀	鞣酸软膏。
皮炎、湿疹	苯海拉明软膏、氧化锌油等。

宝宝外伤出血如何急救

宝宝外伤出血，应用适当的力度摁住受伤部位，通常会在几分钟内止血。如果是四肢受伤，可稍挤出少许血后，再按压受伤部位的近端（靠近肩或骨宽的一侧），以减少出血。出血停止后不要再碰伤口，以免再次出血。

一般情况可用纱布包扎伤口，伤口更小时也可用创可贴贴上。如果伤口出血不止，摁住伤口并及时求助医生。如果是被刺伤，应借助工具先拔出刺，再进行消毒处理。

宝宝被猫抓伤怎么办

很多家庭喜欢把猫作为宠物，认为它们乖巧听话。但是，猫的牙齿和爪尖异常锋利，加之猫喜欢同宝宝玩耍，易导致宝宝被猫抓伤。

一旦被猫抓伤，首先应先挤压伤口排污血。用肥皂水彻底清洗伤口至少 15 分钟，肥皂冲洗完后再用大量清水冲洗。猫抓伤后只要不是大出血，可不急于止血。如果伤口很深，流血较多，应马上用纱布压住流血处，尽快把血止住。可用碘酒或酒精局部消毒。

无论能否确认猫感染狂犬病，被猫抓伤后都必须尽快就医。

被猫抓伤后，应及时用肥皂水和清水清洗伤口，然后尽快就医。

宝宝被狗咬了怎么办

现在养狗的人越来越多，宝宝被狗咬伤的现象也时有发生。被狗咬伤是一件非常危险的事情，一旦宝宝被狗咬伤，爸爸妈妈一定要采取正确的处理方式。

被狗咬伤后，应在伤口上下 5 厘米处用布带勒紧，或将宝宝的伤口放在低于心脏水平的位置，将伤口上端用力掐住，及时将污血挤压出。用肥皂水冲洗伤口 20 分钟，然后用大量清水冲洗伤口，尽快就医。

及时将伤口的污血挤出，有助于防止病毒和细菌感染，然后再清洗伤口和就医。

宝宝误吞异物，先判断异物在哪里

当家长发现宝宝吞食了异物，如果宝宝出现呛咳或呼吸困难，须先观察宝宝能否发声，如果还能发声，说明硬物还在食道内，或部分阻塞气管，应直接送医院治疗。如果不能发声，则可能完全阻塞气管，应立即采取急救措施。

1岁内的宝宝应采取拍背法急救。具体方法：大人坐下，将宝宝背部朝上，平放于双腿，头部位置略低，胸部紧贴于大人膝部，以适当力量，用掌根拍击宝宝背部，将异物拍出。

如果宝宝没有出现呛咳、呼吸困难、脸色青紫等情况，说明宝宝已经把异物吞下，此时需要判断宝宝吞下的是什么。一般不主张轻易刺激咽喉部让宝宝呕吐。如硬币、小扣子、小珠子等都可以随着肠蠕动，在1~3天内随着大便排出。家长只需检查宝宝每次大便就行。但是如果吞下的是一些特殊物品或药品，则要带上药盒，尽快去医院。

宝宝鱼刺卡喉，不要用"土方法"

宝宝卡了鱼刺，有些爸爸妈妈会采取让宝宝吞咽饭团和喝醋的"土方法"来处理，但是这两种处理方法是不正确的。

如果根本看不到宝宝咽喉中有鱼刺，但宝宝出现吞咽困难及疼痛；或是能看到鱼刺，但位置较深不易夹出的，一定要尽快带宝宝去医院请医生做处理。

宝宝高热惊厥，急救分五步

宝宝神经系统发育尚不完善，一旦突然高热超过39℃，就容易出现双眼上翻、紧咬牙关、全身痉挛，甚至丧失意识的症状，医学名词叫"小儿高热惊厥"。一旦发生此种现象，爸爸妈妈不要慌张，要掌握一定的急救方法。

第一步：立即使宝宝侧卧，防止口水或呕吐物吸入气管。

第二步：保持呼吸道通畅。解开衣领，用软布或手帕包裹压舌板或筷子，放在上下牙之间，防止咬伤舌头。同时用手绢或纱布及时清除患儿口鼻的分泌物。

第三步：控制惊厥。用手指捏、按、压宝宝的人中、合谷、内关等穴位2~3分钟，不主张家长把手指放进宝宝口中，若咬破出血，反而对宝宝不利。

第四步：降温。在宝宝前额、手心、大腿根处放置冷毛巾，并常更换。在热水袋中盛装冰水或冰袋，外用毛巾包裹后放置宝宝的额部、颈部、腹股沟处。或使用退热贴，或用温水擦浴。

第五步：及时就医。一般情况下，小儿高热惊厥3~5分钟即能缓解。

0~6岁宝宝辅食与营养餐索引

定价：39.80元

烘焙给宝贝

孔瑶 新浪美食 40,000,000 人次点击率博主、超级奶爸、专栏作家、美食节目金牌主厨。他说："烘焙给宝贝，其实就是做父母的想把最好的东西给宝贝。"

慧慧 80后辣妈，烘焙达人。凭着对烘焙的一份热忱和对孩子饮食安全的关心，七年来一直坚持亲自制作面包、蛋糕、饼干等西点。她的烘焙配方自然、少油、低糖、高纤，坚持健康手作。

定价：58.00元

因为宝宝，爱上摄影

　　一位超会摄影的妈妈，32 个月的拍摄经验，从女儿出生那一刻开始，忠实记录孩子的童年。从年初到年尾，从早到晚，600 多张照片，用爱诠释摄影的观察与记录。

　　67 个摄影情景，从吃饭到睡觉，从室内到室外……丰富的摄影技巧，融入在吃饭、穿衣、玩耍的日常生活中，不知不觉间，便学会了摄影。

　　从现在起，为了宝宝，爱上摄影，成为他最好的摄影师。

图书在版编目(CIP)数据

宝宝辅食与营养餐 1688 例 / 吴光驰主编 . -- 南京：江苏凤凰科学
技术出版社，2015.6
（汉竹•亲亲乐读系列）
ISBN 978-7-5537-4374-5

Ⅰ.①宝… Ⅱ.①吴… Ⅲ.①婴幼儿－食谱 Ⅳ.① TS972.162

中国版本图书馆 CIP 数据核字（2015）第 082851 号

凤凰汉竹

中国健康生活图书实力品牌

宝宝辅食与营养餐 1688 例

主　　　编	吴光驰
编　　　著	汉　竹
责 任 编 辑	刘玉锋　张晓凤
特 邀 编 辑	徐键萍　陈　岑
责 任 校 对	郝慧华
责 任 监 制	曹叶平　方　晨

出 版 发 行	凤凰出版传媒股份有限公司
	江苏凤凰科学技术出版社
出版社地址	南京市湖南路 1 号 A 楼，邮编：210009
出版社网址	http://www.pspress.cn
经　　　销	凤凰出版传媒股份有限公司
印　　　刷	南京精艺印刷有限公司

开　　　本	715mm×868mm　1/12
印　　　张	20
字　　　数	80 千字
版　　　次	2015 年 6 月第 1 版
印　　　次	2015 年 6 月第 1 次印刷

标 准 书 号	ISBN 978-7-5537-4374-5
定　　　价	29.80 元